살림 뭐든지 혼자 잘함

TADASHII MEDAMAYAKI NO TSUKURIKATA

Copyright © KAWADE SHOBO SHINSHA Ltd. Publishers
Supervised by Shoko Maida, Ami Ide, Yoshie Kimura, Muki Kurai
Illustration by Emiko Morishita
Originally published in Japan in 2016 by KAWADE SHOBO SHINSHA Ltd. TOKYO.
Korean translation rights arranged with KAWADE SHOBO SHINSHA Ltd.
TOKYO through TOHAN CORPORATION,
TOKYO and EntersKorea Co., Ltd. SEOUL.

자립형 인간의
1인용 살림

살림 — 뭐든지
혼자 잘함

가와데쇼보신사 편집팀 지음
위정훈 옮김
마이다 쇼코 외 3인 감수

이덴슬리벨

학교에서 집안일을 하는 방법을 배운 적이 있나요? 있다면 아직 기억하고 있는 것이 있나요? 조리 실습 시간에 배운 요리는요? 재봉틀을 열심히 돌려서 만들었던 앞치마는 또 어떤가요? 교과서에는 어떤 내용이 실려 있었는지, 바로 기억나지 않는 사람이 더 많지 않을까요?

수능 과목도 아니고, 수업 비중이 높은 것도 아니니까 적당히 수업만 들으면 그걸로 끝이다?

아니지요. 사실은 우리가 살아가는 데 아주 중요한 것들인데 전혀 모르고 있는 건 아닌가요?

티셔츠를 빨았더니 목이랑 소매가 다 늘어나고, 레시피를 보고 열심히 만든 음식은 이 맛도 저 맛도 아니고, 분명히 청소를 했는데 하나도 치운 것 같지 않고, 양말엔 구멍까지 나 있고……

아, 아무리 그래도 이건 좀 너무했지요.

혼자서도 문제없이 살아갈 수 있도록, 가족과 즐겁게 생활할 수 있도록 '세탁', '요리', '정리와 청소', '재봉'의 기본을 배워 봅시다!

목표는 혼자서도 잘하는 어른이 되는 것!

이 책의 등장인물

누나
직장인 1년차. 대학생일 때부터 혼자 살았지만 집안일은 대충대충 해치우며 살았다. 그러다가 똑 부러지는 살림꾼 남동생과 함께 살게 되어 누나로서 질 수 없다는 생각에 집안일에 눈을 뜬다.

남동생
대학교 1학년. 대학에 입학하면서 도쿄에서 혼자 살고 있던 누나와 함께 살게 됨. 집안일에 아주 적극적이며 잘하는 살림꾼이지만, 정리 정돈은 잘 못함.

1교시 | 세탁 수업 담당 마이다 쇼코 선생님
가사 어드바이저. 기업의 사보나 생협 잡지에서 생활용품이나 전국의 식품 생산자를 취재하다가 독립했다. 취재를 통해 알게 된 내용과 직접 사용해 본 세탁 방법 등 집안일 노하우를 신문이나 잡지에 제공하고 있다.

2교시 | 요리 수업 담당 이데 아미 선생님
영양관리사, 푸드 코디네이터. 레스토랑 메뉴 감수, 기업의 메뉴 개발, 잡지 등에 레시피를 제안하고, 요리 교실을 운영하는 등 음식에 관련된 분야에서 왕성하게 활동 중이다.

3교시 | 정리와 청소 수업 담당 기무라 요시에 선생님
청소 오거나이저. 여성 전문 하우스 클리닝 서비스 회사인 '크리스탈 뮤즈'의 대표로 방문 클리닝, 정리·수납 및 청소 강좌와 개인 레슨을 하고 있다.

4교시 | 재봉 수업 담당 구라이 무키 선생님
바느질 교실을 열고 있는 디자이너. 여자미술단기대학 졸업 후 프리랜서 디자이너가 되었다. 잡지, 텔레비전, 세미나 등에서 폭넓게 활동 중. '구라이 무키 아틀리에'에서 '바느질 교실'을 열고 있다. 본명은 구라시게 히로미(倉茂洋美).

차례

1교시 세탁 수업

2교시 요리 수업

3교시 정리와 청소 수업

4교시 재봉 수업

세탁 수업

감수 마이다 쇼코(가사 어드바이저)

세탁의 기본을 알면
옷의 수명도 늘어난다

티셔츠의 목이 후줄근하게 늘어나 버리거나 하얀 옷에 다른 색깔이 물들었거나, 스웨터를 빨았더니 줄었던 것처럼 세탁기에서 옷을 꺼낼 때 '아차!' 싶었던 적, 다들 한두 번쯤은 있지요?

전자동 세탁기 사용이 일반적인 요즘, 세탁물을 집어넣고 버튼만 누르면 누구나 간단히 세탁을 할 수 있습니다. '난 빨래 못해!' 이렇게 말하는 사람은 없을 거예요. 하지만 세탁 방법에 따라, 옷이 금방 해지기도 하고, 좋은 상태로 오래오래 입을 수 있기도 합니다.

모처럼 큰 맘 먹고 산 예쁜 옷을 오래 입을 수 있도록 세탁의 기본을 배워 볼까요? 물론 바쁜 일상 속의 집안일은 가능하면 '조금이라도 쉽게' 그리고 '짧은 시간 안에' 해치워야겠지요? 하지만 그러려면 무엇보다도 기본을 아는 게 중요하답니다. 조금씩 하다 보면 나중에는 큰 발전이 있을 거예요. 하나하나는 어렵고 작은 일이지만, 그것이 쌓이다 보면 살림의 여왕이 되는 거지요. 기본을 잘 배워서 세탁의 여왕이 되어 봅시다.

먼저 '세탁 기호'를
체크한다

일단, 집에 있는 세탁기로 빨 수 있는 의류인지부터 확인해야 해요. 의류의 안쪽(대부분의 경우 입었을 때 왼쪽)에는 세탁 기호와 그 의류를 만든 섬유의 종류를 표시한 태그가 붙어 있습니다. 세탁 기호에는 세탁 방법·염소계 표백제 사용 가능 여부·짜는 법·말리는 법·다림질하는 법·드라이클리닝에 대한 표시가 있습니다. 물로 빨 수 있는가, 세탁기로 빨 수 있는가, 그늘에서 말리는 것이 좋은가 등등 작은 표시이지만 의류를 세탁할 때 중요한 정보를 알려주는 거지요.

사실 세탁 기호는 나라마다 조금씩 달라요. 유럽식 기호와 미국식 기호가 따로 있고, 이웃나라 일본도 원래 독자적인 기호를 사용했습니다. 하지만 의류 생산이나 유통 분야에서 무역 거래가 활발해짐에 따라 2016년 12월부터 국제표준화기구(International Organization for Standardization)의 기준에 따라 표기를 하고 있지요. 우리나라의 세탁 기호는 국가기술표준원에서 정한 KS 규격을 따르고 있습니다. 그럼 우리나라의 세탁 기호를 알아봅시다.

Let's Try! 세탁 기호를 직접 확인해 보자!

확실하게 체크!

● 물세탁 방법

물의 온도 95℃를 표준으로 세탁할 수 있음. 삶을 수 있음. 세탁기에 의해 세탁할 수 있음(손세탁 가능). 세제의 종류에 제한을 받지 않음.

물의 온도 30℃를 표준으로 세탁기에서 약하게 세탁할 수 있음(약한 손세탁 가능). 세제의 종류는 중성세제를 사용함.

물의 온도 60℃를 표준으로 세탁기에 의해 세탁할 수 있음(손세탁 가능). 세제의 종류에 제한을 받지 않음.

물의 온도 30℃를 표준으로 약하게 손세탁을 할 수 있음(세탁기 사용 불가). 세제의 종류는 중성세제를 사용함.

물의 온도 40℃를 표준으로 세탁기에 의해 세탁할 수 있음(손세탁 가능). 세제의 종류에 제한을 받지 않음.

물세탁 할 수 없음.

물의 온도 40℃를 표준으로 세탁기에서 약하게 세탁할 수 있음(약한 손세탁 가능). 세제의 종류에 제한을 받지 않음.

● 표백제 사용

염소계 표백제로 표백할 수 있음.

염소계 표백제로 표백할 수 없음.

산소계 표백제로 표백할 수 있음.

산소계 표백제로 표백할 수 없음.

염소, 산소계 표백제로 표백할 수 있음.

염소, 산소계 표백제로 표백할 수 없음.

● 다림질 방법

다리미의 온도 180~210℃로 다림질할 수 있음.

다림질은 헝겊을 덮고 온도 180~210℃로 다림질할 수 있음.

다리미의 온도 140~160℃로 다림질할 수 있음.

 다림질은 헝겊을 덮고 온도 140~160℃로 다림질할 수 있음.

 다리미의 온도 80~120℃로 다림질할 수 있음.

 다림질은 헝겊을 덮고 온도 80~120℃로 다림질할 수 있음.

 다림질할 수 없음.

● 드라이클리닝 ─────────────────────────

 드라이클리닝 가능. 용제는 퍼클로로에틸렌과 석유계 모두 사용 가능.

 드라이클리닝 할 수 없음.

 드라이클리닝 가능. 용제는 석유계만을 사용할 것.

 드라이클리닝은 할 수 있으나 셀프 서비스는 할 수 없고 전문점에서만 할 수 있음.

● 짜는 법 ─────────────────────────────

 손으로 짜는 경우에는 약하게, 원심탈수인 경우에는 짧은 시간에 짤 것 권장.

 짜면 안 됨.

● 건조 방법 ────────────────────────────

 햇빛에서 옷걸이에 걸어서 건조할 것.

 햇빛에서 뉘어서 건조할 것.

 옷걸이에 걸어서 그늘에서 건조할 것.

 그늘에 뉘어서 건조할 것.

 세탁 후 건조할 때 기계건조를 할 수 있음.

 세탁 후 건조할 때 기계건조를 할 수 없음.

의류의 소재와 세탁 포인트

집에서 세탁하기 쉬운 소재는 폴리에스테르, 나일론, 아크릴입니다. 잘 줄어들지 않고 주름이 잡히지 않으며, 색이 잘 빠지지도 않고, 마찰에도 강해서 평상복이나 작업복으로 많이 쓰이는 소재입니다. 단, 모두 열에는 약하므로 다림질을 할 때는 천을 덧대고 다립니다.

면도 의류에 많이 쓰는 소재입니다. 흡수성이 좋고, 보온성·내열성도 있으며 질기기도 하지요. 그래서 '면은 막 빨아도 된다!'고 생각하고 있는 사람이 많은데, 앞에서 말한 세 가지 소재에 비하면 약간은 주의가 필요합니다. 약간 줄어들 수도 있고, 주름이 생기기도 쉬워요. 즉 모양이 무너지기 쉽다는 특징이 있으므로 면 100%인 의류의 경우, 세탁하면 5~7%는 줄어든다고 생각해 주세요.

하지만 너무 신경 쓰지 않아도 됩니다. 외출복같이 걱정되는 것이라면 약한 물살에서 빨거나, 그 밖의 옷이라도 말릴 때 주름을 확실하게 펴 주면 입고 있는 동안에 약간은 원래대로 돌아오기도 하니까요. 빨 때마다 건조기를 돌리거나 하지만 않는다면 많이 줄지는 않아요. 단, 그런 성질의 소재라는 것만은 기억해 둡니다.

이들 다음으로 집에서 세탁하는 일이 많은 소재는 마나 모(울)입니다. 마는 통기성이 좋아서 봄여름 시즌의 옷에서 많이 볼 수 있는 소재입니다. 주름이 지기 쉽고 마찰에 약하기 때문에 비벼진 부분

소재 특징 일람							
	수축	주름	빠짐 색 바램	변색 마찰에 의한 손상 정도	열	세제
폴리에스테르	○	○	○	○	△	중성 세제
나일론	○	○	○	○	✕	중성 세제
아크릴	○	○	○	○	✕	중성 세제
면	△	△	△	△	◎	약알칼리성 세제
마	○	✕	△	△	○	약알칼리성 세제
모(울)	△	○	○	△	△	중성 세제
견(실크)	△	✕	✕	✕	△	중성 세제
캐시미어 (※ 손상되기 쉬우므로 세탁소에 맡길 것을 권장)	△	○	△	✕	△	중성 세제
레이온	✕	✕	△	△	○	중성 세제
폴리우레탄	✕	△	△	△	✕	중성 세제

이 하얗게 변색되거나 색이 바래기 쉽죠. 때문에 세탁할 때는 주의해야 합니다. 손으로 빨거나 약한 물살에 빨고, 탈수는 가볍게 해 줍니다. 색깔 있는 옷을 말릴 때는 뒤집어서 그늘에서 말리면 좋습니다. 울은 따뜻하기 때문에 가을과 겨울에 많이 입는 소재입니다. 마찰에 약하고 줄어들기 쉬우므로 '부드럽게 빠는 것'이 포인트입니다. 다른 소재와 섞여 있을 경우에는 약한 소재에 맞춰서 빨아야 합니다. 세탁망에 넣어서 드라이 코스, 소프트 코스 등의 모드로 하여

세탁기로 빱니다. 손바닥으로 눌러서 빨거나 세제를 푼 물에 흔들어서 빼는 등 손으로 빨아도 됩니다. 마찰을 피하기 위해 탈수는 가볍게 합니다. 수분을 머금고 있어 무거우니 말릴 때는 옷걸이에 널지 말고 평평하게 눕혀서 너는 것이 좋습니다(46쪽 참조).

레이온, 폴리우레탄, 캐시미어는 주름이나 변색, 수축 등 신경 써야 할 점이 많은 소재이기 때문에 물빨래를 해도 되는지 반드시 세탁물 표시를 확인해야 합니다. 물빨래를 해도 된다면, 중성 세제로 손빨래를 하거나 세탁기의 드라이 코스 등 약한 물살의 코스로 세탁합니다. 하지만 저는 예전에 물빨래 OK라고 되어 있는 캐시미어를 물에 빨았다가 촉감이나 형태가 샀을 때의 절반 정도 수준으로 뚝 떨어져 버린 아픈 기억이 있습니다. 그런 점이 걱정된다면 무리하지 말고 세탁소에 부탁하는 것이 낫겠지요.

세제·유연제·표백제는 세탁 삼총사!

　TV에서는 수많은 세제와 유연제 광고를 볼 수 있고 마트에는 수많은 종류의 상품이 진열되어 있지요. 자, 과연 어떤 것을 사용하면 좋을까요? 여러분 중에도 세제와 유연제 하나쯤 집에 사 놓지 않은 사람은 없겠지요.

　먼저 기본 아이템인 세제를 볼까요. 세제의 주성분인 계면활성제는 물과 기름을 섞는 기능을 갖고 있으며 섬유에 물이 스며들기 쉽게 하여 오염 물질을 흡수하여 섬유에서 떼어냅니다. 물만으로는 지워지지 않는 피지나 유분을 함유한 오염 물질도 이 힘에 의해 떨어지지요. 세제를 고를 때는 세정력과 수용성을 잘 살펴야 합니다. 세정력이 높으면 오염 물질이 잘 떨어지지만 옷이 상하기도 쉽습니다. 일반적으로 사용하는 면이나 마, 폴리에스테르, 나일론, 아크릴 중에서도 튼튼한 천으로 된 것은 약알칼리성 세제를 쓰는 것이 좋습니다. 가루 세제는 따뜻한 물을 사용해서 잘 녹이는 것이 중요합니다. 세제가 다 녹지 않고 의류에 남아 있으면 변색되거나 얼룩이 지기도 하므로 조심해야 합니다.

　약알칼리성 세제보다 의류에 좋은 것은 중성 세제입니다. 이것이 이른바 '고급옷 세탁 세제'입니다. 알칼리에 약한 모(울)나 견에 적합하지요. 그밖에 부드럽고 마찰에 약할 것 같은 하늘하늘한 소재 등에도 적합하며, 회전이 적은 약한 물살이나 드라이 코스와 함께 사용하는 일이 많으므로 물에 잘 녹는 액체 세제가 대부분입니다.

가루 세제와 액체 세제 이외에 고형 비누도 있습니다. 약알칼리성 고형 비누는 가루 세제보다 세정력이 좋기 때문에 심한 오염을 제거할 때 큰 활약을 하는 아이템입니다. 세탁기에 넣기 전, 애벌빨래를 할 때 사용합니다. 소매 같은 더러워지기 쉬운 부분에 칠하면 섬유에 잘 달라붙어서 진흙이나 피지와 같은 오염물을 확실하게 빼 주지요.

유연제는 의류를 부드럽게 해 줍니다. 세제와 마찬가지로 계면활성제가 주된 성분이며 섬유의 표면에 막을 형성하며 마찰을 줄이고 부드러운 감촉을 느끼게 해 줍니다. 또한 정전기를 억제하고 옷에 보풀이 생기는 것도 막아 주지요. 유연제는 따로 헹굴 필요가 없으며, 마지막 헹굴 때 유연제를 넣고 의류 전체에 스며들게 하면 됩니다. 세제와 함께 사용하면 둘 다 효과가 사라지므로 주의합니다.

표백제는 얼룩이 생기거나 누렇고 거무스름하게 변색된 것을 없애고, 하얗게 만들어 줍니다. 제균·살균력이 있어서 옷에 밴 냄새가 지워지지 않을 때나 실내 건조한 빨래에서 나는 냄새를 없앨 때도 효과적입니다.

염소계 표백제는 표백력이 좋은 것이 최대의 매력이지만 섬유가 손상되기 쉽다는 것이 단점이지요. 알칼리성이므로 면·마·폴리에스테르·아크릴에 적합하며, 모(울)나 견에는 사용할 수 없습니다. 또한, 색깔 있는 천에는 사용할 수 없지만 심한 얼룩이 묻었거나 변색이 심하게 된 하얀 천을 새하얗게 만들고 싶을 때는 강력한 힘을 발

휘합니다. 특유의 냄새가 있으므로 환기를 시키면서 사용해야 하며 맨손으로 만지면 안 됩니다. 또한 세탁물 표시에 염소 표백을 할 수 없다고 되어 있는 것에는 절대로 사용하지 말아야 합니다! 색깔이 빠지거나 옷감이 손상됩니다.

보통 세탁에 쓰기 좋은 것은 산소계 표백제입니다. 염소계 표백제에 비해 표백력은 약간 떨어지지만 색깔 있는 옷에도 사용할 수 있지요. 약산성의 액체 타입은 모(울)나 견 등에도 사용할 수 있고, 얼룩이나 변색되기 쉬운 부분에 직접 바르거나 세제와 함께 사용하면 효과가 높아집니다. 약알칼리성의 가루 세제는 액체 세제보다 표백이 잘 되어서 색깔 있는 옷이 하얗게 바랠 가능성이 있으므로 주의해야 합니다. 하지만 표백제에 담가 놓는 등의 용도에 단독으로 사용할 때 효과가 좋습니다. 모(울)나 견 등 알칼리성에 약한 소재에는 사용하면 안 됩니다. 표백제 초보자는 먼저 산소계 표백제부터 사용해 보기 바랍니다.

이제 세탁의 기본적인 순서를 확인해 볼까요!

세탁 전 확인할 것

Step 1

세탁물을 색깔·오염도에 따라 분류

색깔 있는 것과 하얀 것을 함께 빨면 물이 드는 일이 있으므로 따로 빨아요.

오염이 심한 것

고급 옷

색깔 있는 것

하얀 것

얼룩을 미리 제거하거나 애벌빨래를 한 다음 세탁기에.

중성 세제를 사용.

처음 빨 때는 물 빠짐을 체크.

하얀 옷들을 따로 모아서 표백제를 넣으면 안심!

Step 2

세탁물 표시를 체크!

읽어 본 적이 없어! 약하게?

세탁기로 빨 것인지, 손빨래를 할 것인지, 탈수의 정도나 건조 방법 등을 체크! 여기서 잘못하면 비극적인 결과가 된다.

물 빠짐 체크!

세제 액을 묻힌 하얀 천에 소매의 안쪽 등 눈에 띄지 않는 곳을 문질러서 물이 빠지는지를 확인한다. 물이 빠진다면 세탁소로 보낸다.

소매 단 등 오염이 눈에 띄는 부분을 바깥쪽으로 접어서 넣으면 오염이 잘 지워진다.

세탁망에 넣는다.

약한 소재의 의류는 딱 맞는 사이즈의 망에 넣고, 구겨져도 되는 의류는 모아서 큰 망에!

Step 3

세탁물을 체크한 다음 보호한다

지퍼나 단추를 채운다.

휴지 부스러기가 붙어 있어.

주머니 안을 체크!

휴지가 여기저기 붙어 있는 상황이 일어나지 않도록 주의.

세탁기 사용하기

Step 1

코스를 선택한다

세탁물 표시를 확인하고 적당한 코스를 선택한다. 세탁기에 따라 코스 이름이나 특징이 다르므로 취급설명서에서 확인하자.

Step 2

세탁물을 넣는다

가벼운 것

무거운 것
더러운 것

수건처럼 크고 무거운 것을 아래쪽에 넣으면 세탁물이 한쪽으로 치우치지 않는다.

Step 3

세제 등을 넣는다

언제나 약간 많이 넣었구나 ……. 때가 잘 지워질 줄 알고…….

세제가 남아 있으면 피부에 닿아 가렵기도 하고, 환경에도 좋지 않다.
※ 세제에 대해 자세한 것은 29~30쪽 참조.

세제와 물의 양은 반드시 지키자.

적으면 오염이 잘 지워지지 않고

많으면 세제 성분이 남아 있게 되죠.

포인트를 체크합시다.

선생님, 욕조에 남은 물을 써 볼래요!

욕조에 남은 물은 이렇게 쓰자.

피지나 때가 녹아 있으므로 헹굴 때는 깨끗한 물을 사용한다. 입욕제를 넣은 경우에는 그 입욕제의 주의사항에 세탁에 사용할 수 있는지 여부를 확인하자!

Step 4 **빨기 & 헹구기 & 탈수**

구겨지거나 모양이 뒤틀리는 것이 싫다면 탈수 시간은 짧게! 10초 & 일시 정지를 2~3회 정도 반복하면 OK.

삐ー삐ー삐ー
끝났습니다.

계속 →

건조의 기본
point 1

주름을 방지한다 & 편다

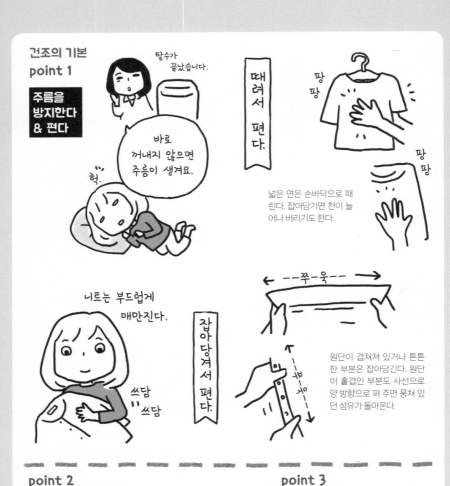

탈수가 끝났습니다.

바로 꺼내지 않으면 주름이 생겨요.

헉.

니트는 부드럽게 매만진다.

쓰담 쓰담

때려서 편다.

팡 팡

팡 팡

넓은 면은 손바닥으로 때린다. 잡아당기면 천이 늘어나 버리기도 한다.

──쭈──욱──

잡아당겨서 편다.

쭈욱

원단이 겹쳐져 있거나 튼튼한 부분은 잡아당긴다. 원단이 홑겹인 부분도 사선으로 양 방향으로 펴 주면 뭉쳐 있던 섬유가 돌아온다.

---

point 2

형태가 틀어지는 것을 막는다

소매부터 넣는다.

추욱

꾸역 꾸역

티셔츠나 트레이닝복은 목 부분이 아니라 소매부터 옷걸이를 넣는다. 모양이 틀어질 수 있으므로 무리하게 넣지는 말자.

point 3

빨리 마를 수 있도록 말린다

거꾸로 말리는 것도 방법이다. 겨드랑이 밑이 잘 마르고 목 부분도 늘어지지 않는다.

아이템별 건조 방법 포인트

양말

세탁물은 위에서부터 마르므로 발목 부분이 빨리 마르고, 잘 해지지 않는다.

바지와 스커트

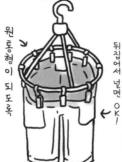

원통형이 되도록

뒤집어서 널면 OK! 주머니나 안감이 있는 것은

한가운데를 비우고, 원통형으로 넣어서 말리면 통풍이 잘 되어 빨리 마른다.

셔츠

깃을 세운다.

맨 윗 단추를 채운다.

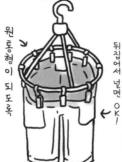

맨 윗 단추만 채운다. 소매의 단추도 풀어 두면 더 빨리 마른다.

브래지어

거꾸로 해서 언더 부분을 집게로 고정하여 말린다.

끈 부분을 집게로 고정하면 늘어나 버린다. 컵의 모양을 잡아주고 말릴 것.

파카

옷걸이에 접어서 건다.

뒤집어서 튼튼한 옷걸이나 건조대에 건다. 절반씩 되게 널지 말고 소매가 달린 부분을 길게 해서 널면 더 빨리 마른다.

이 두 가지 포인트를 꼭 기억해요.

☐ 바람이 잘 통하게 할 것.

☐ 모양이 틀어지지 않게 할 것.

맞아, 후드 안쪽이 잘 안 말랐어!

빨래,
이래서 힘들었던 적이 있지요?

① 실내에서 건조했을 때의 냄새가 싫어요.

제균·살균 효과가 있는 실내 건조용 세제를 사용하거나 산소계 표백제를 세제와 함께 넣어서 사용하면 효과적입니다. 또한, 젖은 상태가 계속되면 균이 증식하기 쉬우니 빨리 마를 수 있도록 건조시키는 것이 중요합니다. 되도록 세탁물을 간격을 두어 말립니다. 커튼 레일이나 벽 등, 통풍이 잘 되지 않는 장소는 좋지 않습니다. 실내용 건조대를 방 한가운데 놓는 등, 세탁물 근처에 습기가 생기지 않도록 해서 말립니다. 선풍기나 에어컨, 제습기나 욕실 건조기가 있는 사람은 그것을 이용해도 좋습니다.

② 빨았는데 좋지 않은 냄새가 나요.

젖은 수건이나 땀에 젖은 셔츠를 그대로 뭉쳐서 팽개쳐 놓지는 않았나요? 젖은 채로 팽개쳐두면 '균'이 증식하여 강력한 냄새가 나며, 빨아도 좀처럼 냄새가 사라지지 않습니다. 젖은 빨래는 말려서 세탁 바구니에 넣어 둡시다. 냄새가 밴 빨랫감은 세제를 진하게 풀어서 30분 정도 담가 두었다가 세탁기에 넣습니다. 그래도 냄새가 사라지지 않는다면, 산소계 표백제를 40℃ 이상의 뜨거운 물에 녹여서 담가 두거나 커다란 냄비에 삶아서 소독을 해 봅니다.

③ 수건이 뻣뻣해요.

빨래를 할 때 세제의 양이 너무 많았거나 충분히 헹구지 않았을 경우, 수건에 세제가 남아서 말랐을 때 뻣뻣해집니다. 제대로 빨았는데도 그렇다면 말릴 때 한 번 더 손질을 해 주면 됩니다.

세탁·탈수를 할 때 마찰에 의해 섬유의 올이 눕거나 수축되어 있으므로 말릴 때 섬유의 올을 세워 줍니다. 수건을 절반으로 접어서, 접은 수건의 양쪽 끝을 잡고 10~20번 정도 탁탁 쳐 줍니다. 이렇게 하면 누웠던 섬유가 일어나고 섬유의 방향이 정돈되므로, 말렸을 때 폭신폭신한 감촉을 느낄 수 있습니다. 또한 직사광선 아래서 오랜 시간 말리면 섬유가 손상되어 뻣뻣해지는 원인이 되기도 합니다.

④ 물이 빠지는 옷을 세탁하는 법은?

새 옷인데 색깔이 짙은 옷은 물이 빠질 가능성이 높기 때문에 세탁하기 전에 물 빠짐을 체크합니다(32쪽 참조). 물이 빠진다는 것을 알았다면 다른 세탁물과 분리하고, 물 빠짐을 조금이라도 막는 방법으로 빱니다. 고급 옷을 세탁하는 중성 세제를 이용해 드라이 코스로 빠는 등, 마찰이 적은 세탁 방법으로 빱니다. 물에 소금을 넣어도 효과적입니다. 소금은 색깔이 빠지는 것을 막아 줍니다. 물 1리터당 소금 1큰술이 적당합니다. 또한, 세탁할 때 뒤집어서 빨면 세탁하는 동안에 비벼지거나, 말리는 동안에 직사광선이 닿는 것을 피할 수 있으므로 섬유의 손상에서 비롯되는 물 빠짐을 막을 수 있습니다.

몇십 분 후

후줄근 후줄근

너덜 너덜

내가 빨면
언제나 처음 샀을 때의 느낌이
사라져 버려······.

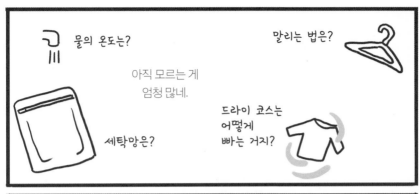

'고급 옷 세탁'은 뭐지?

　세탁기로 첨벙첨벙 빤 뒤 꽉 짜서 탈수하기 힘든 의류가 있습니다. 원단이 얇은 것, 늘어나기 쉬운 니트 의류, 보푸라기가 생기기 쉬운 모(울) 제품, 자수나 레이스가 달린 것 등, 가능하면 약하게 빨아서 손상을 막고 싶은 의류들을 의미합니다. 이것들을 일상적으로 입는 셔츠나 수건 등과 구별하기 위해 세탁이라는 카테고리 중에서 편의상 '고급 옷'이라고 부릅니다.

　'세탁소에 맡기는 게 좋을까, 집에서 빨 수 있을까' 하고 망설인다면 먼저 세탁물 표시를 확인합니다.

　46쪽 우측 상단의 마크가 있는 것은 집에서 세탁할 수 있습니다.

　이때 사용할 수 있는 세제가 '고급 옷 세탁용 중성 세제'입니다. 세정력은 강력하지 않지만 물 빠짐이나 원단의 손상, 수축 등을 막아줍니다.

　의류가 손상되지 않는 것을 우선시하는 '고급 옷 세탁'을 할 때는 세탁조는 거의 움직이지 않고 약한 물살로 빨아서 짧은 시간 탈수를 하는 '드라이 코스'로 세탁합니다. 세탁기의 '드라이 코스'는 세탁소의 '드라이클리닝(물을 사용하지 않고 클리닝 전용 용제로 세탁한다)'과는 다른 뜻이며, 세탁기에 따라 '손세탁 코스', '약한 물살 코스', '집에서 하는 클리닝 코스' 등의 명칭으로 되어 있기도 합니다. 세탁소에 맡길 정도는 아니지만 조심스럽게 세탁하고 싶은 의류를 세탁하는 코스라고 생각합시다. 부분 오염 등은 잘 지워지지 않으니 깃이나 소매 끝 등 신경 쓰이는 부분은 애벌빨래를 하거나, 얼룩이 생겼을 때에는 얼룩을 제거한 다음에 세탁합니다(47쪽 참조).

형태가 뒤틀리거나 의류끼리 뭉쳐서 손상되는 것을 방지하기 위해 세탁망에 넣은 다음 세탁기에 넣습니다. 니트 등 물에 둥둥 뜨기 쉬운 것은 손으로 가라앉혀서 물에 충분히 적시는 것이 포인트입니다. 탈수도 평소보다 짧은 시간에, 수분을 많이 품고 있는 상태에서 세탁을 끝냅니다. 니트나 모(울) 제품은 그 수분의 무게로 모양이 틀어지지 않도록 평평하게 펼쳐서 말리고, 다른 것들은 옷걸이에 걸어서 그늘에서 말립니다.

한두 벌의 옷을 세탁할 때는 세탁기가 아니라 손빨래를 하는 것도 좋습니다. 원단을 비비거나 하지 말고 부드럽게 주물러서 세탁합니다(46쪽 참조).

세탁할 자신이 없다고요? 세제와 세탁 방법만 잘 알아 두면 누구나 세탁을 할 수 있습니다. 정 걱정이 된다면 철이 지났을 때나 몇 번에 한 번 정도는 세탁소에 맡겨서 기분 좋게 오래오래 입을 수 있도록 합시다.

손빨래 해 보기

제가 좋아하는 옷이에요.

그럼 손빨래 하는 요령을 배워 봐요!

먼저 체크부터!

손빨래 가능한 것

손세탁
30℃ 중성

40℃

드라이

고급 옷용 중성 세제을 넣어서 가볍게 푼다.

30℃ 정도의 물

스웨터를 접어서 뒤집어 소매와 목 부분을 꺼낼 것.

세탁망에 넣는다.

세탁한다

세제를 푼 물에 담가서 천천히 여러 번 눌러서 세탁한다.

오염 정도에 따라 5~10분 정도 담가 두어도 OK.

헹구기 전에 한 번 물을 뺀다.

잠시 가볍게 눌러 준다.

헹군다

깨끗한 물에서 손으로 눌러서 헹군다.

말린다

평평하게 펴서 말리는 망을 추천해요.

그늘에서 평평하게 펴서 말린다.

10번 정도 눌러서 헹군 다음 깨끗한 물을 부어서 2~3회 반복한다. 마지막으로 유연제를 넣은 물에 담근 다음에 물을 뺀다.

망에서 꺼내서 목욕수건을 끼워서 물기를 제거한 다음, 그늘에서 평평하게 펴서 말린다.

얼룩을 지울 때는 이것이 기본이죠!

얼룩이 묻었을 때 제거하는 방법

선생님, 케첩이……

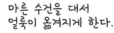

훌쩍 훌쩍

수건 위에 놓는다.

고형물이 있다면 떼어낸다. 수건 위에 놓는다.

→ 물이나 세제를 묻힌 면봉으로 두드린다.

얼룩이 번지지 않도록 주의하면서 물이나 세제가 스며들게 한다.

→ 마른 수건을 대서 얼룩이 옮겨지게 한다.

뒤집어서 아래쪽의 수건으로 눌러서 얼룩이 옮겨지게 한다.

유분이 강한 얼룩(화장품, 크레용 등)		주방용 중성 세제+클렌징 오일(+잘 지워지지 않을 때는 알코올)
수용성 얼룩(간장, 오렌지주스, 레드 와인 등)		바로 물에 빤다. 지워지지 않으면 산소계 표백제를 사용.
혼합성 얼룩(카레, 케첩 등)		주방용 중성 세제+탄산수소나트륨+산소계 표백제 (+잘 지워지지 않을 때는 구연산)
기타	볼펜	주방용 중성 세제+클렌징 오일
	피	묻자마자 물로 빨거나(뜨거운 물은 피하자) 산소계 표백제

이제 무섭지 않아!

◇ 되도록 묻자마자 닦아낸다.

◇ 번지지 않게 조심하여 얼룩이 옮겨지게 한다.

◇ 직접 얼룩을 제거해도 되는지 표시 체크!

◇ 마지막으로 반드시 통째로 세탁한다.

이것이 철칙!

여름에 많이 썼던 토트백도

일단은 천이지만……

빨아도 될까?

세탁기?
손빨래?
드라이클리닝?

날마다
사용하는 것도
아닌데

별로
더러운 것
같지도 않고

한 계절밖에
안 쓰는 물건은

오랜만에 꺼내면 신선한 느낌이 있지만

더러움이
사라진 건 아니잖아.

킁킁

커튼

베개

말리기만
하면 되려나?

집에서
빨 수 있나?

이불

잘 모르겠으니까
그냥 처박아 뒀는데.

너무 오랫동안
처박아 뒀나 봐.

세탁할 수 있든
세탁할 수 없든
손질을 해 두는 게 나을까?

잘 부탁합니다.

그럼, 의류 이외의
것들을 손질하는
방법을 알아봐요.

이거,
어떻게 손질하는 거죠?

날마다 사용하는 것은 아니지만 문득, '어, 이거 더럽잖아?' 하고 깨닫게 되는 것들이 상당히 있죠. 옷 이외의 물품도 적절하게 손질해서 기분 좋게 사용합니다. 세탁물 표시와 물 빠짐을 확인하고, 집에서 손질할 자신이 없다면 세탁소에 맡깁니다.

머플러와 숄

세탁할 수 있는 경우는 손빨래 또는 세탁망에 넣어서 세탁기의 드라이 코스로 세탁합니다. 면이나 마는 약알칼리성 세제, 모(울)나 화학 섬유는 중성 세제를 사용합니다. 술(Fringe)이 달린 것은 한 올을 적셔 본 뒤 별 문제가 없다면 집에서 세탁할 수 있습니다. 견이나 캐시미어 등은 특유의 감촉이 사라질 수 있으므로 세탁소에 맡깁니다.

모자

입체적이라 모양이 찌그러질 수 있으므로 기본적으로는 손빨래를 권장합니다. 이마가 닿는 안쪽 부분은 땀이나 피지 등이 묻기 쉬우므로 꼼꼼하게 세탁합니다. 면이나 마 소재의 모자는 약알칼리성 세제를 사용합니다. 니트 모자는 망에 넣어서 중성 세제를 사용해 세탁기로 세탁해도 좋습니다.

오리털 파카

겉감이 손빨래 가능한 소재(나일론, 폴리에스테르 등)라면 집에서 빨수 있습니다(인조가죽이나 울은 세탁소로). 안쪽의 깃털까지 빨기보다는, 깃털에 완전히 스며들기 전에 겉감을 빤다는 느낌으로, 단추나 지퍼를 채우고, 중성 세제를 푼 물에 적신 타월로 소매나 목둘레 등 때가타기 쉬운 부분을 가볍게 두드립니다. 그런 다음 세면대나 세탁조, 큼직한 통 등에 물을 채우고 중성 세제를 푼 다음, 전체를 부드럽게 눌러서 세탁합니다. 헹군 다음 탈수는 가볍게 30초 정도 합니다. 뭉친 깃털을 펴 주고 바람이 잘 통하는 곳에서 며칠 동안 확실하게 그늘 건조시킵니다.

운동화

캔버스 천으로 만들어진 신발은 물빨래가 가능합니다. 끈과 밑창을 빼고, 신발 바닥에 붙은 모래나 흙 등의 오염물질을 이쑤시개 등을 이용하여 제거합니다. 양동이에 미지근한 물을 담고 신발용 세제나 약알칼리성 세제를 풉니다(물이 빠질 우려가 있다면 중성 세제를 사용). 신발과 끈을 30분~1시간 정도 담가 둡니다. 그다음 필요 없게 된 칫솔로 부드럽게 천을 문질러서 더러움을 제거합니다. 부분적으로 세게 문지르거나 하면 물 빠짐의 원인이 되므로 주의합니다. 세제가 남지 않도록 잘 헹군 다음, 바람이 잘 통하는 그늘에서 말립니다.

캔버스 토트백

물 빠짐이나 모양이 뒤틀리는 것을 막기 위해 기본적으로는 물세탁을 하지 않는 것이 좋습니다. 그러므로 매일매일 손질을 하거나 더러워지지 않도록 하는 것이 중요하지요. 더러워지면 시간이 지날수록 잘 지워지지 않으므로 세심하게 손질합니다. 가벼운 오염이라면 지우개로 지우는 것도 효과적이지만(너무 세게 문지르지 않도록 주의), 일반적인 손질은 중성 세제를 푼 물을 타월이나 천에 적셔서 닦는 것입니다. 그때 닦은 부분에 세제가 남지 않도록 마무리할 때는 물기를 꽉 짠 천으로 닦습니다. 닦을 때 가방이 너무 젖으면 얼룩이 지게 되므로 주의합니다.

베개

땀 등이 배어 있는 건 아닌지 걱정되는 베개. 세탁물 표시를 확인하여 세탁할 수 있는 소재라면 반드시 세탁합니다. 내용물이 파이프 스트로나 폴리에스테르 100%라면 망에 넣어서 세탁기로 세탁(드라이 코스나 손세탁 코스)이 가능한 경우가 많습니다. 폴리에스테르면(세탁 가능한 것)은 손세탁이 좋습니다. 마를 때까지 시간이 걸리지만, 바짝 말려 주세요. 그 밖의 소재는 가끔씩 바람이 잘 통하는 곳에 두어 습기를 제거하는 것이 기본적인 손질 방법입니다. 깃털, 저탄성 우레탄, 구슬은 그늘에서 말리고, 메밀껍질이나 폴리에스테르면(세탁할 수 있는 것)은 햇빛에서 말립니다.

커튼

개더(천에 홈질을 한 뒤에 그 실을 잡아당겨 만든 잔주름) 부분에 먼지가 쌓이거나 창에 맺힌 이슬의 물방울이 커튼에 묻어 그것 때문에 커튼자락에 검은 곰팡이가 피기도 합니다.

빨 때는 세탁망에 아코디언 모양으로 접어서 넣습니다. 이때, 더 더러운 쪽을 바깥쪽으로 접으면 좋습니다.

더러움이나 냄새가 신경 쓰인다면 산소계 표백제도 넣어서 중성 세제로 세탁합니다. 탈수는 구겨지는 것을 막기 위해 짧게(30초 정도) 합니다. 꺼낸 다음 커튼 레일에 걸어서 모양을 정돈합니다.

그대로 자연 건조시키면 OK. 커튼을 빠는 동안 창문을 닦으면 세탁한 커튼이 더러워지지 않겠지요.

이불

면, 폴리에스테르, 아크릴 등의 소재로 된 것은 세탁기에 넣어 그대로 빨아도 되는 것도 많습니다. 먼저 세탁물 표시를 확인합니다. 목에 닿는 부분은 땀이나 피지 등으로 더러워져 있으므로 세탁기에 넣기 전에 세제를 적신 타월 등으로 두드려 주면 좋습니다. 세탁망에 아코디언 모양으로 접어서 넣고, 소재에 적합한 세제로 세탁합니다. 세탁기에 '이불 코스'나 '큰 빨래 코스' 등이 있다면 그것을 선택하고, 없는 경우에는 약한 물살 코스로 세탁합니다. 물을 채운 다음 충분히 잠기도록 손으로 꾹꾹 눌러서 담가 줍니다. 되도록 넓게 펼쳐서 그늘에서 말립니다.

다림질을 하자

집에 다리미는 있지만 자주 쓰지 않는 사람이 많을 것입니다.

잘 구겨지지 않는 옷을 많이 입는다면 별로 문제가 없을지 모르지만, 만약의 경우에 대비하여 포인트는 알아 둡니다.

먼저 다림질을 할 수 있는 소재인지를 세탁물 표시로 체크합니다. 온도의 기준도 표시되어 있으므로 함께 확인합니다. 천을 덧대고 다리라고 씌어 있는 경우는 번들거림을 막기 위해 다림질을 하고 싶은 옷 위에 손수건이나 수건 등(면 소재 추천)을 한 장 덧댑니다. 다리미는 한쪽 방향으로 움직이는 것이 가장 중요합니다. 빙글빙글 여러 방향으로 움직이면 주름이 생기기 쉽습니다. 재봉선이나 진동 둘레(길과 소매가 이어진 선)에서 옷단까지의 선을 시작 지점으로 하여, 원단의 섬유 결에 따라 다리거나 직선 방향으로 다립니다. 비스듬한 방향으로 다림질을 하면 주름이 생기기 쉬울 뿐만 아니라 원단이 늘어날 수도 있으니 주의합니다.

익숙해지기 전에는 손수건으로 한번 연습을 해 봅니다. 무심코 비스듬하게 다림질을 해서 원단이 이상하게 늘어나 버리면, 사각형인 손수건이 접었을 때 각이 맞지 않게 되겠지요!

기본을 알면 괜찮아요!

과연 그럴까요 ……

스팀　　드라이

슉—

면이나 마의 주름을 펼 때는 분무기 등으로 의류를 가볍게 적신 다음 드라이 다리미로 다리면 효과가 좋다. 스팀 다리미는 띄워서 다림질하면 모(울) 등을 폭신하게 마무리해 준다.

기본 동작은 이 세 가지

다린다.

모(울)나 코르덴 등 털이 긴 것은 스팀을 대서 폭신하게 마무리해 줍니다

누른다.

눌러서 대는 힘으로 주름을 편다. 또는 바지에 날을 세울 때도 눌러서 다린다.

띄워서 댄다.

비스듬하게 움직이면 주름이 지기 쉬우므로 천의 결에 맞추거나 직각이 되게 똑바로 다린다.

다림질 요령

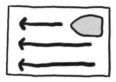

다리기 전에 의류를 펼쳐서 주름을 손으로 편다.

다리미는 한쪽 방향으로 움직인다.

다리미를 잡고 있지 않은 손으로 팽팽하게 늘린다.

누른 곳을 기점으로 한쪽 방향으로 움직인다.

열이 식을 때까지 접지 않는다.

셔츠 다리기

세세한 부분은 다리미 앞부분을 잘 사용해서 다린다.

① 깃: 깃은 원단이 늘어나 있으므로 한쪽 방향으로만 다리면 주름이 생기기 쉽다. 양쪽 끝에서 중앙을 향해 다린다.

③⑤ 소매 끝: 깃과 마찬가지로 원단이 늘어나 있으므로 양쪽 끝에서 중앙을 향해서 다린다. 수건을 깔고 안쪽부터 다린다.

※ 겉섶-단추가 달려 있는 천이 겹쳐져 있는 부분

② 겉섶: 안쪽부터 다린다. 단추의 두께가 있으므로 아래에 수건을 깔아 두면 좋다.

깃, 소매, 가슴둘레 등 시선이 가기 쉬운 곳을 꼼꼼하게 다리면 말끔해 보여요!

 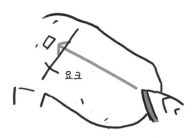

④⑥ 소매: 손으로 잡아당기듯이 평평하게 펴서 재봉선을 따라서 다린 다음, 재봉선에서 안쪽을 향해서 다린다. 양쪽 소매를 다린다.

⑦ 등의 안쪽: 앞쪽을 열고, 손으로 등판의 원단을 늘리듯이 펴서 두고, 목둘레를 누르고 앞자락에서 요크(몸판이나 스커트 위쪽에 절개하여 끼우는 덧천)를 향해서 다린다.

⑧ 몸판: 앞자락을 겹치고, 손으로 원단을 늘리듯이 펴 둔다. 앞섶을 다린 다음 안쪽을 향해서 다린다.

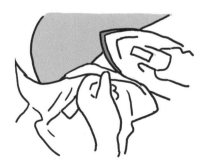

⑨ 셔츠 깃: 깃을 세우고 심과 요크를 다린다. 오른쪽 앞자락을 겹쳐서 ②에서 다린 앞섶은 다리지 말고, 거기에서 안쪽을 향해서 몸판을 다림질한다.

⑩ 주머니: 주머니는 원단이 늘어나 있으므로 한쪽 방향으로만 다리면 주름이 생기기 쉽다. 양쪽 끝에서 가운데를 향해서 다린다.

드럼 세탁기와
일반 세탁기 중에 어떤 것이 좋을까?

드럼 세탁기는 생활용수가 경수(硬水)인 국가에서 인기입니다. 경수에서는 세제가 잘 녹지 않기 때문에 오염 물질이 잘 떨어지게 하기 위해 고온 세정이 가능한 드럼이 보급되어 있는 것입니다. 또한 물이 귀중한 나라에서는 적은 양의 물로 세탁을 할 수 있는 드럼 세탁기가 환영받지요. 고온 세정이 가능한 기계이므로 건조 기능도 아주 뛰어납니다. 때려서 세탁하여 눕혀진 섬유도 건조 기능으로 바람을 불어넣어 주면 폭신한 상태가 됩니다. 마당이나 베란다처럼 빨래를 말릴 실외 공간이 없어서 건조 기능이 일상적으로 필요한 사람에게는 드럼 세탁기를 권합니다.

세제가 잘 녹는 연수(軟水)가 풍부한 경우 드럼 세탁기를 사용하면 '저온의 적은 물'로 세탁을 하게 되며, 그럴 때는 드럼 세탁기가 일반 세탁기보다 오염이 잘 지워지지 않는다고 합니다. 이 경우 세정력을 중시하는 사람에게는 일반 세탁기가 더 적합하다고 말할 수 있을 것입니다. 그러나 일반 세탁기에서 건조 기능을 자주 사용하면 드럼보다 비용이 많이 들게 되므로, 건조 기능을 보조적으로 사용하는 사람에게 적합합니다.

당신의 라이프 스타일에 적합한 세탁기는 어느 쪽인가요?

	드럼 세탁기	일반 세탁기
특징	옆을 향한 드럼을 회전시켜, 의류를 아래로 떨어뜨려서 세탁하는 '두드려서 세탁'하는 방식.	세탁조의 아래에 붙은 날개로 물살을 만들어 세탁하는 '교반(휘저어 섞음) 세탁' 방식.
세정력	사용하는 물의 양이 적으므로 일반 세탁기와 비교하면 약간 세정력이 떨어짐.	물을 많이 사용하여 세탁하므로 때가 잘 지워진다.
세탁 시간	예전에는 드럼 세탁기가 시간이 더 걸린다고 여겨졌으나 요즘은 차이가 없어짐.	
절수성	드럼 세탁기는 적은 물로 세탁하지만, 건조 시에 물을 많이 사용하는 것도 있음. 일반 세탁기는 세탁할 때 드럼 세탁기보다 많은 물을 사용.	
의류의 손상 정도	두드려서 빨기 때문에 일반 세탁기보다 손상되기 쉽다.	의류끼리 비벼져서 오염을 제거하지만, 드럼 세탁기에 비하면 손상은 적음.
건조 기능	뛰어남. 드럼을 회전시키면서 열을 가하므로 주름이나 세탁물의 엉킴이 많이 생기지 않는다.	세탁조 아래에 가라앉아 있는 세탁물을 건조시키므로 드럼 세탁기보다 건조가 어렵고 주름이 생기기 쉬움.
뚜껑	뚜껑의 위치가 낮기 때문에 엉거주춤한 자세로 빨래를 꺼내야 함. 문을 열어두면 아이들이나 반려동물이 들어갈 가능성이 있으므로 주의.	선 채로 바로 꺼낼 수 있다. 문을 열어 둔 채로 둘 수 있다.
가격	일반 세탁기보다 값이 비쌈.	드럼 세탁기보다는 값이 쌈.

※ 제조사에 따라 세탁기의 특징이나 드는 비용은 달라진다.

깨끗한 세탁은 깨끗한 세탁기에서 시작된다

세탁의 포인트와 요령을 기억하여 옷을 깨끗하게 빨 수 있게 되었다면 마음도 개운해지지요. 그렇다면 옷의 때를 제거해 주는 세탁기는 잘 관리하고 있나요? 세탁조 안쪽에 검은 곰팡이가 피거나 세제 찌꺼기가 묻어서 지저분할 수가 있습니다.

세탁기가 더러우면 열심히 빨아도 옷에 더러움이 남아 있을 가능성도 있습니다. 세탁을 해도 좋지 않은 냄새가 나거나 검은 오염물이 점점이 붙어 있다면 세탁기가 보내는 청소의 신호라고 생각하세요. 말끔하게 관리해서 즐거운 마음으로 세탁을 해 봅니다.

시판하는 세탁조 세제도 있지만 산소계 표백제는 묵은 때뿐만 아니라 냄새까지 제거해 주므로 그것을 추천합니다. 산소계 표백제 500밀리리터와 45℃ 정도의 뜨거운 물을 세탁조에 넣고, '세탁' 코스에서 5분 정도 돌리고, 그대로 3시간 이상 둡니다(하룻밤 그대로 두어도 OK!). 그 사이에 묵은 때나 곰팡이가 떠오르므로 서두르는 것은 금물! 그런 것들이 떠오르면 거름망으로 건져냅니다. 거름망이 없다면 신문지나 헌 스타킹 등으로 수면을 살짝 훑으면 오염물을 흡착시킬 수 있습니다.

오염물을 제거한 다음, 그대로 세탁기를 5분 정도 돌려서 탈수를 합니다. 깨끗한 물로 갈아 주고 세탁-헹굼-탈수까지 전 과정을 한 번 돌립니다. 뚜껑을 열고 오염물이 있는지 확인하고, 없다면 뚜껑을 연 채로 건조시킵니다. 여기서 뚜껑을 닫아서 습기가 차게 하면 절대 안 됩니다.

오랫동안 세탁기 청소를 하지 않은 사람은 묵은 때나 곰팡이를 보고 깜짝 놀랄 거예요. 그리고 한 번 세탁기 청소를 해 보면, 반드시 정기적으로 청소를 해야겠다는 결심을 하게 될 거예요. 1~2개월에 한 번은 세탁기 청소를 해 주기 바랍니다.

방을 청소할 때 더러운 걸레를 쓰는 사람은 없겠지요. 세탁도 마찬가지입니다. 깨끗한 세탁기에서 깨끗한 빨래가 나온답니다.

요리 수업

감수/ 이데 아미(영양관리사)

죽 만드는 법

콜록 콜록

여기서는 밥으로 만들어 봐요.

맛있게 만들려면
쌀로 만드는 방법도 있지만
컨디션이 좋지 않을 때는
빨리 만들고 싶어요.

재료

아까 냉동밥을
그대로 넣었었지!

식은 밥은
데워서

물 300ml

밥 100g
(2/3공기)

되직하게 만들고 싶을 때는……
밥 100g에 물 200ml로 만듭니
다. 끓이는 시간과 마지막에 퍼
지게 하는 시간을 짧게 하면 식
감이 좋은 죽이 만들어집니다.

만드는 법

끓어 넘치지
않도록!

부글부글

보글보글

밥이 약간
춤을 추는
정도예요.

밥과 물을 넣고, 중~약불에 끓
인다. 스푼 등을 이용해 덩어리
져 있는 밥알을 펴 준다. 부글부
글 끓으면 약불로 줄인다.

주걱을 세워서 바닥부터 떠내
듯이 섞는다. 뚜껑을 조금 연 채
로 10~15분 정도 중약불에서 끓
인다.

소금을 약간 넣고, 불을 끈 다음
뚜껑을 덮고 5분 정도 그대로
두어 퍼지게 한다.

잡죽 만드는 법

잡죽은 컨디션이 좋지 않을 때뿐만 아니라 아침식사나 야식으로도 좋아요.

나는 달걀이 들어간 잡죽을 만들어 볼까.

재료

밥 150g
(한 공기)

육수 250ml

달걀 1개

술 1큰술

간장 1작은술

미림 1작은술

소금 적당량

시판되는 육수를 사용할 때는
육수를 만들기 힘들다면 가루나 팩에 들어 있는 시판용 육수를 사용해도 좋습니다. 식염이 들어 있는 경우도 있으므로 맛을 보아 간을 맞춥니다.

만드는 법

부글부글

달걀을 섞는 것은 약간 굳어진 다음에

육수, 술, 간장, 미림, 소금을 넣고 중~강불에 끓인다.

부글부글 끓으면 밥을 넣고 덩어리를 없앤다. 중불에 5분 끓여서 수분이 적어질 때까지 익힌다.

약불로 줄여서 풀어 둔 달걀을 붓고, 약간 굳어지면 섞은 다음 불을 끈다. 소금으로 간을 맞춘다.

일단 '가정식'을 권함

가족(또는 자신)이 감기에 걸렸을 때, 소화가 잘 되고 맛있는 죽을 만들 수 있다면 좋겠지요. 직접 만드는 요리는 따뜻하고 기분 좋은 것입니다. 그냥 '요리'와 '수제 요리'는 뭔가 느낌이 다르지요. '요리', '요리한다'는 각각 단순한 명사와 동사로, 누가 만드는지 묻지 않지만 '수제 요리'라고 하면 내가 만드는 요리, 나 자신이나 가족, 주변 사람에게 만들어 준다는 인상을 받습니다. 어머니의 '수제 요리', 남편의 '수제 요리', 여자 친구의 '수제 요리' 등 가정적이고 친밀감이 느껴집니다. 글자 그대로 손으로 만든 요리를 말하지만 모두가 손으로 만드는 것은 아니며, 만들어져 있는 것을 이용하지만 어느 정도의 수고를 들인 것까지 포함하는 경우도 많지요. 예를 들면 시판 카레 루를 사용하여 카레라이스를 만드는 것은 수제 요리지만, 레토르트 카레를 데운 카레라이스는 수제 요리라고 말하기는 힘들지요.

음식점에서 먹는 전문가가 만든 맛있는 식사, 바쁠 때도 바로 먹을 수 있어 편리한 편의점이나 슈퍼에서 파는 음식이나 도시락, 다양한 종류를 골라 먹는 즐거움이 있는 백화점 지하의 델리, 보존이 쉬운 레토르트 식품이나 냉동식품. 직접 밥을 짓지 않아도 삼시 세끼 식사가 힘들지 않은 세상이지요.

요리를 잘 못하는 사람은 '자취'라는 말을 들으면 조리나 설거지에 시간이 걸리고 고생은 고생대로 하고, 매일매일 요리를 하지 못한다면 오히려 재료비가 더 들며, 좋아하는 음식이나 단품 요리만 만들게 되어 영양 균형도 좋지 않게 된다는 등, 부정적인 점만 머릿속에 떠오를지도 모르겠네요.

우리는 새로운 것을 시작하면 자기도 모르게 완벽을 추구하는 경향이 있습니다. 하지만 그것은 도저히 무리지요. 절약도 하면서 영양 균형이나 칼로리도 맞춰야 하고, 간도 딱 맞으면서 언제나 엄청 맛있게 요리를 하는 100점짜리 독자는 별로 없을 것입니다. 채소가 상해서 버려야 한다든지, 음식의 간이 너무 짜다든지, 특별한 조미료를 사기 위해 예산을 초과하는 등의 일들을 되풀이하면서 자취를 계속하는 동안에, 맛있다고 생각되는 것이 만들어지거나, 다음엔 저걸 만들어 봐야지 하는 생각이 들거나, 효율적으로 재료를 요모조모 이용할 수 있게 되기도 하는 것입니다.

오늘부터 완벽하게 '가정식 요리'를 실천하는 건 절대로 무리입니다! 긴장을 풀고 일단 '가정식 요리'를 대합시다.

그럼 기본 중의 기본인 밥 짓기부터 배워 볼까요.

맛있는 밥을
지을 수 있나요?

앞에서 죽을 만드는 법을 소개했는데, 그 전에 '밥'은 지을 수 있나요? 그래요. 밥솥에 쌀과 물을 넣고 스위치를 누르면 끝! 입니다. 하지만 밥을 제대로 못 짓는 사람이 많습니다. 반찬은 사서 먹더라도 밥이 맛있으면 그것만으로 충분히 행복한 식사가 되지요. 이제 밥을 지을 때의 포인트를 확인해 볼까요.

뭐라 해도 승부를 가르는 것은 쌀을 씻기 시작해서 10초입니다. 요즘은 도정 기술이 발달해서 쓱쓱 문지른다기보다는 가볍게 씻어 내는 느낌으로 씻어도 됩니다. 씻기 시작할 때는 쌀겨나 지저분한 부유물 등이 둥둥 떠 있는 물을 쌀이 흡수하기 전에 재빨리 버립니다.

그 시간이 불과 10초랍니다! 물을 버린 다음에는 손가락을 세워서 20번 정도 문지르고, 물을 부어서 5~6번 휘저어서 뜨물을 버립니다. 이것을 두세 번 반복합니다. 뜨물이 투명해질 때까지 반복하면 전분이 씻겨 나가서 밥을 지었을 때 단맛이 없어지므로 조심해야 합니다. 다음 페이지를 참조해서 흡수 시간과 물의 온도에도 신경을 쓴다면 맛있는 밥을 지을 수 있습니다.

밥 짓는 법

한 끼에 한 홉은
너무 많지 않나요?

이것을
기억해 둡시다.

· 한 홉=180ml
· 한 홉의 밥을 지으면
  밥공기 두 그릇에
  꽉 담은 양
  (밥공기 한 그릇은 약 150g)

① 쌀을 잰다.

쌀 전용 계량컵(180ml)으로 표면을 평평하게 깎아서 잰다.

② 재빨리 씻는다.

쏴아

10초

싸락싸락

쌀겨나 부유물들을 제거하기 위해 재빨리 씻어서 바로 물을 버린다.

③ 문지른다×2~3회

싸락싸락

쏴

물을 버리고 쌀만 남겨서 20회 정도 문지른 다음, 물을 넣고 5~6번 휘젓고 물을 버린다. 이것을 2~3회 반복한다.

④ 밥을 짓는다

불리기는 여름
30분 이상,
겨울 1시간 이상.

차가운 물을
사용하는 것이
좋다.

따끈 따끈

깨끗한 물을 넣고 잠시 그대로 둬서 쌀을 물에 불린다. 불린 다음 압력밥솥에서 밥을 짓는다.

주먹밥이든 오니기리든
열심히 뭉친다

먹기도 편하고 휴대하기에도 편리한 주먹밥은 옛날부터 남은 밥을 보존하기 위한 용도나 도시락 등으로 사랑받아 왔습니다. 주먹밥은 동그랗거나 납작하거나 모양에 상관없이 뭉친 밥을 가리키지요.

옛날에는 주로 아무것도 넣거나 섞지 않고 맨밥을 뭉쳐서 먹었기 때문에 배고픈 시절의 상징처럼 여겨졌지만, 요즘에는 주먹밥의 위상이 많이 변했습니다. 쇠고기, 야채, 해산물에 참기름, 소금, 깨소금 등의 양념을 곁들여 그냥 먹기도 하고 달걀이나 김을 입혀 먹기도 해서 간편히 즐기는 별미로 생각되고 있습니다. 일본에도 '오니기리' 또는 '오무스비'라고 부르는 비슷한 음식이 있지요.

주먹밥을 만들 밥을 지을 때는 약간 고슬고슬하게 짓는 것이 좋습니다. 남은 밥으로 해도 괜찮지만, 가능하면 화상을 입지 않을 정도의 뜨끈뜨끈한 밥을 사용해야 시간이 지나도 맛을 유지할 수 있습니다. 손을 가볍게 물에 적시고(너무 적시면 안 돼요!) 소금을 묻힌 다음, 속까지 세게 뭉치지 말고 모양이 무너지지 않을 정도로 정리한다는 느낌으로 뭉칩니다. 2~3번 정도 돌려서 모양을 정돈합니다.

잠깐 실습3 # 주먹밥 만드는 법

주먹밥이라고 해서 꽉꽉 뭉치지 말고 흩어지지 않도록 뭉쳐 주는 정도의 기분으로.

내가 뭉치면 언제나 딱딱해져 버리는데······.

조물 조물

---

① 손에 물을 묻히고 소금을 바른다.

너무 흠뻑 적시지 말 것!

왼손(많이 쓰는 손의 반대쪽 손)에 물을 묻히고 소금을 약간 바른다.

② 밥과 속을 얹는다.

손바닥에 밥을 펼치고 한가운데를 약간 움푹하게 해서 속을 얹는다.

---

③ 뭉친다.

속을 감싸듯이 해서 가볍게 밥을 뭉친다. 너무 꽉 뭉개거나 갑자기 삼각형으로 만들지 말 것.

④ 정리한다.

오른손(평소 사용하는 손)을 산 모양으로 하여 왼손(평소 사용하는 손과 반대인 손)으로 바닥을 만들고, 가볍게 2~3회 돌려서 삼각형으로 정리한다.

아침식사는
단백질과 탄수화물

'아침식사는 밥이냐, 빵이냐'를 떠나서, 요즘은 어른이든 아이들이든 아침식사를 하지 않는 사람이 늘어난다고 하지요. 그것이 좋지 않은 일임에도 불구하고 왜 그렇게 되어 갈까요.

아침식사를 하면 떨어져 있던 체온이 올라가고, 몽롱해 있던 뇌도 깨어나서 활력과 집중력이 생깁니다. 반대로 말하면, 아침식사를 거르면 오전 중에는 뇌와 신체가 에너지 부족 상태에 놓이게 된다는 것이지요. 배는 고프지 않은데 어쩐지 나른함을 느끼는 채로 오전을 보내는 사람도 있을 것입니다. 그런 상태에서는 공부든 일이든 최선을 다해서 열심히 할 수가 없겠지요. 아침식사에는 공복을 채운다는 것 이상으로, 잠들어 있던 몸과 뇌를 깨워서 하루를 제대로 시작하게 하는 역할도 있습니다. 특히 체력이 좋고 에너지를 방출하기 쉬운 10~20대에게는 아침식사가 아주 중요한 에너지원이 됩니다.

다이어트를 한다면서 아침식사를 거르는 여성도 많은데 배고픔을 참지 못해 점심식사 전에 간식을 먹거나 아침식사를 걸렀다고 안심하고 점심을 폭풍 흡입하면 오히려 칼로리나 당질을 과다 섭취하게 됩니다. 올바른 식생활 리듬을 갖는다는 측면에서도 아침식사를 하는 것이 좋습니다.

그중에는, 아침에는 졸려서 식욕이 없다는 사람도 있을 것입니다.

하지만 아침부터 스테이크를 먹으라는 말은 아닙니다. 아침식사의 포인트가 되는 것은 체온을 높여 주는 단백질(달걀, 생선, 고기, 콩 제품)과 뇌의 작용을 활성화시켜 주는 탄수화물(밥, 빵, 면)입니다. 식욕이 없다면 날달걀을 얹은 밥이나 낫토를 얹은 밥만 먹어도 됩니다. 단백질과 탄수화물을 잘 조화시켜서 먹도록 합니다. 토스트나 시리얼 등의 간단한 것만 먹으면 기껏 챙겨먹는 아침식사의 의미가 반감되니 가능하면 피합니다.

보관이 간단하고 그대로 먹을 수도 있고 조리도 쉬우며, 심지어 양질의 단백질을 함유하고 있는 달걀은 프라이나 달걀말이, 스크램블 에그, 삶은 달걀 등 변주하기도 쉽고, 아침식사에 꼭 곁들이면 좋은 든든한 음식입니다. 다음 페이지에서는 달걀을 쉽게 요리하는 포인트를 알려 줍니다. 맛있는 아침식사를 즐겨 봐요!

아침식사에 달걀 요리를 먹자

나도 도전해 볼 거야.

여기서는 반숙 프라이 만드는 법을 알려 줄게요.

달걀 프라이 제대로 만드는 법

식용유 1작은술

1.
프라이팬을 약불로 가열하고 식용유 1작은술을 넣는다. 달걀은 미리 볼에 깨뜨려 놓아 껍데기가 들어가거나 노른자가 깨지는 것을 방지한다.

2.
달걀을 프라이팬 가까이 가져가서 살짝 흘리듯이 넣고 흰자가 익으면 물 1큰술을 넣어서 뚜껑을 덮는다.

3.
뚜껑을 덮은 채로 약불에 30초 정도 그대로 놔둔다.

4.
노른자에 하얀 막이 생기면 완성! 노른자가 깨지지 않도록 조심해서 접시에 담는다.

노른자에 하얀 막이 없이 탱글탱글하게 만들려면?

패밀리 레스토랑이나 햄버거 가게에서 볼 수 있는 노른자의 색이 뚜렷한 달걀 프라이. 만드는 법 3에서 뚜껑을 덮지 않고 약불에 5~7분 익히면 하얀 막이 생기지 않고 탱글탱글한 노른자를 만들 수 있습니다.

달걀 제대로 삶는 법

반숙이라면 6분
완숙이라면 10~12분

 쏴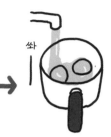

 샐러드에

 어묵탕에

 그대로
소금을 찍어서

달걀이 잠길 정도의 물을 넣고 중불로 익힌다. 끓어오른 다음 6분이면 반숙, 10~12분이면 완숙이 된다.

다 삶은 다음 찬물에 재빨리 식힌다. 얼음이 있다면 반드시 사용할 것. 급랭시켜야 껍데기를 벗기기가 쉬워진다.

스크램블 에그 잘 만드는 법

달걀 2개　　우유　　소금　　간장
　　　　　4큰술　한 꼬집　약간

걸쭉
푹신
푹신

볼에 재료를 넣고 포크로 잘 저어서 섞는다.

중불로 달군 프라이팬에 버터 10g을 녹인 후, 달걀을 푼 물을 넣고 실리콘 주걱으로 재빨리 섞는다.

불을 끄고 나머지는 후열을 이용하여 반숙으로 만든다.

후열로
하는구나.

POINT!
젓가락보다 포크로 섞는 것이 흰자가 잘 섞여 부드러워집니다.

일식 달걀말이 잘 만드는 법

먼저 속재료를 넣지 않고 간단하게 만드는 방법부터 마스터해요.

넘넘 좋아해.

사각 달걀말이 팬으로 만듭니다.

달걀 3개

물이나 술 2큰술

간장 1/2큰술

설탕 1큰술

1. 재료를 모두 섞는다. 포크로 섞는 것을 추천.
※ 취향에 따라 설탕 양은 적당하게 조절.

2. 중불로 프라이팬을 달구고 식용유 1작은술을 두른다. 달걀 푼 물의 1/4~1/5을 붓고 그릇 가득 얇게 편다. 흰자가 익기 시작하면 먼 곳에서 가까운 곳을 향해 말아 간다.

3. 말아 놓은 달걀을 그릇 한쪽으로 밀어 놓고 식용유가 밴 키친 페이퍼로 가까운 곳을 문질러서 식용유를 칠한다.

4. 달걀 푼 물 1/4~1/5을 붓고, 프라이팬 가득 얇게 편다. 그때, 한쪽에 밀어 둔 달걀을 약간 들어 올려서 그 아래에도 달걀 푼 물이 들어가게 하는 것이 포인트. 이것을 반복한다.

올바른 계량법

1큰술

3작은술

계량스푼 (가루)

가볍게 소복하게 담은 다음 주걱 등으로 깎아서 평평하게 하여 계량한다.

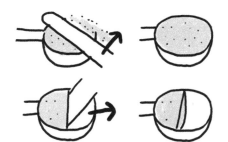

1큰술, 1작은술은 스푼에 평평하게 계량한다.

1/2큰술, 1/2작은술은 1큰술, 1작은술을 잰 다음, 절반을 주걱으로 덜어낸 후 계량한다.

계량스푼 (액체)

표면장력으로 약간 부풀어 오른 정도까지 담은 것이 1큰술, 1작은술.

1/2큰술은 이 정도

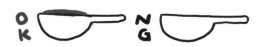

계량컵 (액체)

계량컵 (가루)

정확히 옆에서 보아, 움푹하게 꺼져 있는 위치의 눈금을 본다.

여기

가볍게 아래를 잡고 평평하게 쳐서 계량한다.

톡톡

특히 계량스푼으로 액체를 계량할 때 너무 적게 넣는 사람이 많습니다. 흘러넘치기 직전까지 듬뿍 붓습니다.

식칼의 기본

과일칼

식칼

식칼은 두 개를 준비하면 좋아요.

작아서 둥글게 파낼 수 있으므로 과일 껍질을 벗길 때나 채소를 다듬을 때 사용한다.

식칼이 있으면 채소, 생선, 고기 등 어떤 것이든지 자를 수 있다.

식칼 사용법

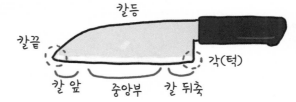

칼등

칼끝

각(턱)

칼 앞   중앙부   칼 뒤축

부위별로 용도가 다르구나.

중앙부 이외의 사용법은 이런 느낌
칼등: 고기를 두드릴 때 사용한다.
칼 앞: 어슷썰기(92쪽 참조) 등을 할 때 쓴다.
칼 끝: 칼집을 넣을 때 사용한다.
칼 뒤축: 감자의 싹을 도려내는 등 단단한 것을 다룰 때 좋다.

자르는 법

비스듬하게 넣어서

앞으로 밀면서 썬다.

수직은 금물.

수직으로 썰면 썰고 있는 것이 망가진다.

식칼의 길이를 이용하여 비스듬하게 넣어서 앞으로 밀듯이 썬다. 생선이나 고기는 당기듯이 썰기도 한다.

잡는 법

① 칼 뒤축을 잡는다.

엄지와 검지로 칼 뒤를 잡는 기본 방식.
다른 손가락은 자연스럽게 모은다.

② 검지를 칼등에 얹는다.

칼집을 넣는 등 섬세한 작업을 할 때는 검
지를 칼등에 얹는다.

손을 얹는 법

위에서 보았을 때

옆에서 보았을 때

여기가 직선이 되게

제1관절을 구부린다.

손목은 도마에 붙인다.

엄지는 안으로 집어넣는다.

서는 법

도마가 미끄러질 때는 물기를 꽉 짠 행주를 깔아 주면 좋다.

어깨의 힘을 뺀다.

시선은 자르는 단면에

조리대에서 10cm 정도 (주먹 하나 들어갈 정도) 떨어져서 선다.

포인트

식칼을 잡은 손 쪽의 발을 한 발 뒤로 뺀다 (팔꿈치가 몸에 부딪치지 않도록).

몸이 비스듬히 45°가 될 정도

여러 가지 써는 법

 어떤 건데?

어떻게 써는 건지 모르겠어요······.

길고 가느다란 것을 끝에서부터 같은 폭으로 썬다.
ex) 대파, 쪽파 등

통썰기

단면이 둥근 것을 끝에서부터 같은 두께로 썬다.
ex) 당근, 오이, 무 등

어슷썰기

단면이 둥근 것을 끝에서부터 비스듬하게 썬다.
두께는 요리에 따라 달라진다.
ex) 오이, 대파 등

반달썰기

단면이 둥근 것을 세로로 절반으로 썬 다음, 끝에
서부터 잘라서 반달 모양으로 만든다.
ex) 무, 당근, 가지 등

십자썰기

단편이 둥근 것을 세로로 열십자로 썬 다음, 끝에
서부터 썰어 은행잎 모양으로 만든다.
ex) 무, 당근 등

마구썰기

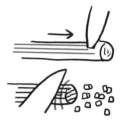

제대로 써니까 빠르네!

에잇, 적당히 썰자.

뚝 뚝

세로로 썬 다음 가로로 썰어서 잘게 자른다. 거칠게 대강 써는 것을 대충썰기라고도 한다.
ex) 대파, 양파, 생강, 마늘 등

양파의 마구썰기는 이렇게 하자!

절반으로 썬 양파를 뿌리 쪽을 반대쪽으로 하여 두고, 세로로 칼집을 넣는다(뿌리 쪽은 칼집을 넣지 않고 남겨 둔다).

방향을 90도 바꾸어 위에서부터 차례로 가로로 칼집을 넣어 준다(뿌리 쪽은 칼집은 넣지 않고 남겨 둔다).

미끄러지지 않도록 누르면서 끝에서부터 썬다.

채썰기

4~5cm 길이로 얇게 썬 다음, 그것을 겹쳐서 가늘게 썬다.
ex) 당근, 무, 우엉 등

나박썰기

1cm 정도의 두께로 썬 다음, 그것을 끝에서부터 얇게 썰어서 긴 직사각형 모양으로 만든다.
ex) 당근, 무 등

얼레빗썰기

둥근 것을 절반으로 자른 다름, 중심을 향해서
균등하게 썬다.
ex) 양파, 토마토, 순무 등

막대썰기

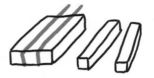

두께가 균등한 사각 막대기 모양으로 썬다.
ex) 당근, 무 등

깍둑썰기

사각형 막대기 모양으로 썬 것을 끝에서부터 정
사각형으로 썬다.
ex) 감자, 당근, 무 등

막썰기

길고 가는 것을 비스듬하게 썰고, 몸에 가까운
쪽으로 반회전시켜서 다시 비스듬하게 썬다. 이
것을 반복한다.
ex) 당근, 오이, 가지 등

돌려깎아썰기

길고 가는 것을 돌리면서 연필을 깎듯이 얇게
썬다.
ex) 우엉

휴우— 신나게 썰다 보니
너무 많이 썰었네!

레시피,
제대로 읽을 수 있나요?

식칼 사용법의 기본을 익혔다면 레시피를 참고하여 좋아하는 요리를 만들어 볼까요. 레시피를 참고하여 요리를 처음 만들 때는 재료표부터 만드는 법까지 한 번 쭉 훑어봅니다. 사야 할 재료는 무엇인지, 부족한 조미료는 무엇인지, 30분 걸린다, 1시간 둔다 등등 만드는 도중에 시간이 걸리는 과정은 없는지, 등등 내가 만드는 것을 상상하면서 읽어 보면 좋겠지요. 재료표는 만드는 법에 등장하는 순서대로 씌어 있거나 그 요리의 메인이 되는 소재, 서브가 되는 소재, 조미료…… 등의 순서로 씌어 있습니다.

레시피에 씌어 있는 것이 '어떤 뜻인지', '이것으로 충분한지' 불안한 사람도 있겠지요.

예를 들면, '소금 약간'과 '소금 한 꼬집'은 각각 어느 정도일까요? '약간'은 엄지와 검지 끝으로 잡는 정도로, 약 1/8작은술. '한 꼬집'은 엄지와 검지, 중지의 손가락 셋의 끝으로 잡는 정도로, 약 1/5~1/4작은술로, '약간'보다 '한 꼬집'이 좀 더 많습니다. 또한 '푹 끓이다(푹 삶다)' '바짝 졸이다' 등, 삶는 조리법에도 다양한 표현이 있고, 각각 표현하는 상황이 약간씩 다릅니다.

재료와 대강의 공정이 쓰여 있다면 요리를 만들 수는 있지만 그 레시피가 전달하려는 것을 제대로 읽을 수 있다면 보다 맛있게 만들 수 있답니다.

레시피에서 많이 사용되는 표현을 살펴볼까요.

적량과 적당량

적량은 딱 맞는 양. 소금이나 후추 등 취향이나 균형으로 맛을 낼 때의 조미료나 마지막에 얹는 무즙(갈아놓은 무)이나 김가루 등의 재료에 사용합니다. 또한, 재료를 삶기 위한 물이나 튀김용 기름 등 조리 중에 사용하는 것으로, 사용하는 냄비나 용기에 따라 양이 바뀌어 지정할 수 없는 것이나, 생선이나 고기에 묻히는 밀가루나 빵가루 등 넉넉하게 준비해서 남는 것 등도 '적량'이라고 표현합니다. 이 것들은 맛을 내거나 조리에 반드시 사용하는 재료입니다. 반면에 '적당량'은 필요에 따라(또는 취향에 따라) 사용해도, 사용하지 않아도 상관없는 것을 표현하는 일이 많습니다. 그릇에 담은 다음에 얹는 파슬리나 민트 등, 장식이나 토핑, 구하기 힘든 허브 등은 적당량으로 표기되는데 모두 조리 과정이나 맛 자체에 별로 영향을 주지 않는 것입니다.

ml(밀리리터)와 cc(시시)

레시피에 따라 15ml라고 씌어 있기도 하고 15cc라고 씌어 있기도 하는데 둘 다 같은 말입니다. 1000ml = 1000cc = 1 l(리터)가 됩니다. 그리고, 계량컵1 = 200ml, 1큰술 = 15ml, 1작은술 = 5ml, 3작은술 = 1 큰술입니다.

물이나 술, 식초는 1작은술(5ml) = 5g입니다. 밀가루나 전분은 1작은술(5ml) = 3g입니다.

물의 양에 대한 표기

재료를 삶거나 데칠 때, 어느 정도의 물의 양이 적절한지 표기되어 있는 일이 있습니다. '물을 가득'이란 재료가 확실하게 물에 잠기고도 물이 충분한 상태입니다. 하지만 냄비 하나 가득 물을 넣으면 끓으면서 넘치게 되니 주의합니다. '잠길 만큼의 물'은 모든 재료가 아슬아슬하게 물에 잠기는 정도입니다. '찰랑찰랑할 정도의 물'은 재료의 표면이 수면에 나올락 말락 하는 정도의 양으로, 조림을 만들 때 많이 쓰는 양입니다.

삶는 법에 대한 표기

'데친다', '슬쩍 삶는다'라고 되어 있는 경우는 단시간에 삶는 것을 가리킵니다. 푸른 채소 같은 잎채소의 떫은맛을 제거하거나 부드럽게 하는 과정입니다. '삶아서 우려낸다'는 재료 특유의 냄새나 떫은맛, 점액 등을 제거하기 위해 삶은 다음에 우려낸 물을 버리는 것을 말합니다.

또한, 본 조리 과정으로서가 아니라 조리·조미하기 쉽도록 부드럽게 하기 위해서나, 떫은맛을 빼기 위해서 미리 삶는 것을 '애벌 삶기'라고 합니다.

익히는 법에 대한 표기

시간을 들여서 푹 익히는 것을 '삶다', 그때 증기를 날리면서 익힌 다면 '고다'라고 하고, 재료의 표면에 국물을 묻히듯이 하는 것을 '바싹 졸인다'라고 합니다. 되직한 국물이 거의 남지 않도록 진하게 졸이기도 하고, 반대로 연한 국물의 맛이 스며들 때까지 천천히 익히는 경우도 있지요. 재료에 국물의 맛을 배어들게 하거나, 형태가 뭉크러지는 것을 막기 위해 속뚜껑을 덮어 주기도 합니다. 나무나 실리콘, 알루미늄으로 만든 전용 뚜껑이 일반적이지만, 키친 페이퍼 등을 냄비 크기에 맞춰서 사용할 수도 있습니다.

예외적으로 물로 익히고, 물이 남지 않은 상태로 마무리하는 쌀이나 콩의 경우, '짓다'라고 합니다.

볶는 법에 대한 표기

프라이팬에서 볶음 요리를 할 때는 프라이팬을 가열한 다음에 기름을 두릅니다. 요리에 따라 마늘이나 생강, 파 등의 향이 나는 채소를 볶아서 기름에 향이 나게 할 때는 기름과 함께 넣고 프라이팬에 불을 켜서 약불에서 천천히 가열하는 경우도 있습니다. 레시피에는 불 조절이나 재료를 넣는 순서 외에도 다 볶아진 상태가 쓰여 있는 경우도 많습니다. 얇게 썬 양파를 볶는 경우 양파에 골고루 기름이 묻으면 '기름이 묻은' 상태, 좀 더 볶으면 '투명한' 상태가 되며, 좀 더 볶으면 부드러워지면서 반투명한 노란색을 띠게 됩니다.

굽는 법에 대한 표기

먼저 구운 면이 깨끗한 갈색으로 구워지므로 그릇에 담을 때 위쪽이 될 면부터 굽습니다(아래부터 가열하는 프라이팬과 위부터 가열하는 그릴은 처음에 굽는 면의 위아래가 반대가 됩니다). 생선이라면 머리가 왼쪽, 말하자면 배가 앞을 보게 그릇에 담으므로 그쪽 면부터 굽습니다. 닭고기를 구울 때는 껍질부터 구워야 껍질이 파삭파삭해지고 모양이 잘 뭉개지지 않으며 맛있게 구워집니다.

튀기는 법에 대한 표기

튀김은 약간 어려울지도 모르겠지만 기본은 기억해 둘까요. 저온은 약 160℃, 중온(中溫)은 170~180℃, 고온은 약 190℃입니다. 각각 튀김옷이나 빵가루를 떨어뜨렸을 때 바닥까지 가라앉은 다음 천천히 떠오르는 정도(저온), 절반 정도의 깊이까지 가라앉았다가 쑥 떠오르는 정도(중온), 가라앉지 않고 표면에 뿌려지는 정도(고온)가 온도의 기준입니다. 재료를 한꺼번에 많이 넣으면 기름의 온도가 내려가게 되므로 사용하고 있는 냄비 표면의 절반 정도를 채우는 것이 좋습니다. 냄비 가득 기름을 부으면 절대 안 됩니다. 튀김이나 어묵 등, 요리에 따라 튀김옷이 달라지기도 하고, 튀김옷을 입히지 않고 재료만 튀기는 경우도 있습니다.

예열과 후열

주로 오븐을 사용하는 요리를 할 때 등장하는 표기입니다. 글자 그대로 예열은 미리 데우는 열을 말하며, 후열은 불을 끈 다음에도 남아 있는 열을 말합니다. 예를 들어 그라탱을 오븐에 굽기 전에 지정한 온도로 오븐을 데워 둡니다. 이것이 예열입니다. 또는 스크램블에그를 만들 때 70~80% 공정까지는 불을 켰다가 그다음은 불을 끄고 프라이팬의 남은 열로 부드럽게 부풀려서 마무리하는데, 이것이 후열입니다.

이제 레시피에서는 설명을 생략하는 경향이 있는 기본 중의 기본, 재료에 대해 살펴볼까요. 요리에 빠질 수 없는 조미료, 매일매일 먹는 채소, 다양한 부위가 있는 고기나 손질을 한 생선 등 각각 올바르게 선택해서 적절하게 조리하기 위한 포인트가 있습니다. 과감하게 장을 보고, 장을 봐 온 것을 맛있게 먹기 위해 기억해 둡니다.

재료에 대해
알아 두어야 할 것

간장

전통적인 간장은 메주를 소금물에 담갔다가 떠낸 물을 고아 만들며 흔히 재래식간장 또는 한식간장이라고 부릅니다. 양조간장은 볶은 밀을 넣은 개량 메주로 만드는 개량식간장이지요. 이 간장들은 숙성 기간에 따라 조림이나 초 등에 쓰는 진간장, 찌개나 나물에 쓰는 중간장, 국을 끓일 때 쓰는 묽은간장으로 나뉩니다.

산분해간장은 자연숙성 과정을 거치지 않고 염산으로 단백질을 분해시켜 만든 간장으로 저렴하지만 맛이나 향이 떨어지는 편입니다.

마지막으로 혼합간장은 양조간장과 산분해간장을 섞은 것입니다. 그러니 혼합간장을 살 때에는 양조간장의 비율이 높은 것을 고르는 것이 좋겠지요. 간장을 선택할 때에는 주재료의 원산지에도 주의하도록 합니다.

된장

된장은 메주를 소금물에 담갔다가 간장을 떠내고 남은 건더기에 소금과 삶은 곡물을 넣어 만듭니다. 그 종류는 120여 가지가 있다고 하지만, 보통 우리가 흔히 먹는 것으로는 막장, 청국장, 생황장, 청태장, 보리된장, 비지장 등이 있지요.

막장은 메줏가루를 갈아 보름 정도 발효시켜 만들고, 청국장은 삶은 콩을 소금 없이 사흘 정도 발효시킨 후 소금, 파, 마늘, 고춧가루 등을 섞어 만듭니다. 생황장은 콩과 누룩을 섞어 띄운 메주로 만들며, 청태장은 청태콩을 시루에 쪄서 콩잎을 씌워 만들지요. 보리된장은 보리메주를 이용해 만드는 장으로 주로 쌈장이나 나물 무침에 사용하지요. 비지장은 콩비지를 발효시켜 다진 파, 마늘, 소금으로 간하여 만드는데 주로 찌개로 끓여 먹습니다.

미림

미림은 요리에 부드러운 단맛과 감칠맛을 더하고 윤기 있는 빛깔을 냅니다.

찹쌀, 쌀누룩, 소주 등의 알코올을 원료로 만들어지므로 알코올 도수가 14% 정도 되며, 생선 등의 비린내를 없애거나 형태가 부서지는 것을 막아 주는 역할도 합니다. 가열하면 알코올 성분은 날아갑니다. 이에 비해 미림풍 조미료는 당류, 쌀, 쌀누룩, 감칠맛 조미료, 소량의 알코올 등을 섞은 것을 말합니다. 알코올 성분은 1% 미만이므로 주세(酒稅)가 붙지 않아 미림보다 가격이 쌉니다.

식초

쌀을 주원료로 하여 양조한 것이 '쌀식초(米酢)', 쌀, 밀, 옥수수 등의 곡류를 원료로 하여 양조한 것이 '곡류식초(穀物酢)'입니다. 일반적으로 쌀식초는 산미가 부드러우므로 초밥용 밥이나 초무침, 마리네이드(생선·고기·채소 등을 식초·소금·샐러드유·와인·향신료를 섞어 만든 즙에 담그는 조리)나 드레싱 등, 가열하지 않고 식초 자체의 풍미가 느껴지는 요리에 잘 어울립니다. 곡류식초는 깔끔한 맛으로, 조림이나 볶음 등 가열하는 요리에 어울립니다.

쌀식초보다 가격이 싸기 때문에 고기를 부드럽게 하거나 생선 비린내를 없애는 데에도 가벼운 마음으로 사용할 수 있습니다.

술

레시피에 술이라고 쓰여 있는 경우는 보통 청주를 가리킵니다. 요리에 감칠맛을 더하거나 고기나 생선의 냄새를 제거합니다. 가열하여 알코올을 날리는 것이 완성된 요리에서 술 냄새가 나지 않게 하는 포인트입니다.

조미료 코너에서 살 수 있는 '요리술'은 소금이나 감미료 등을 더한 것으로 음용하는 술과는 구별됩니다. 그래서 레시피의 분량대로 요리술을 사용하면 맛이 진해질 가능성이 있으므로, 간을 보면서 양을 조절합니다. 주세가 붙지 않기 때문에 싸게 구입할 수 있는 것이 장점입니다.

밀가루와 전분

요리에 끈기를 더하거나 생선이나 고기에 묻혀서 지지거나 튀기는 데에 사용하는 밀가루와 녹말가루. 레시피에 밀가루라고 표기되어 있는 경우는 '박력분'을 가리킵니다. 소스 등을 만들 때는 비교적 낮은 온도에서도 끈기가 생기는 녹말가루가 적당하고, 부드럽고 걸쭉한 스튜 등을 만들 때는 밀가루가 적당합니다. 생선이나 고기에 묻힌 경우, 둘 다 감칠맛을 배어들게 하는 역할을 해 주지만 식감이 다릅니다. 녹말가루는 약간 부드럽게, 밀가루는 바삭하게 지져집니다.

콩

두부 한 모라고 해도 제조사나 상품에 따라 양이 다를 수 있습니다. 분량이 중요할 때는 레시피에도 그램 수가 병기되어 있는 일이 많습니다. 몇 그램인지와 일반 두부인지 연두부인지 등을 확인해 둡니다.

요리에 따라서는 한 번 데쳐서 사용하기도 합니다. 데치거나 전자레인지로 가열하거나 천이나 키친 페이퍼에 싸서 무거운 돌을 올려놓는 등의 방법이 있습니다.

유부

조리하기 전에, 뜨거운 물을 끼얹거나 슬쩍 데쳐서 '기름 제거'를 합니다. 표면의 기름을 없애면 기름 냄새가 없어지고 맛이 배어들기도 쉬워집니다.

무

무는 즙을 만들어 생으로 먹거나 조림으로 하는 등 다양하게 사용할 수 있지만, 어떤 부분을 사용하느냐에 따라 매운 맛의 정도가 달라집니다. 잎에 가까운 위쪽이 매운 맛이 적으므로 즙을 만들거나 샐러드 등 생으로 먹는 요리에 어울립니다. 한가운데는 수분이 듬뿍 함유되어 있어 맛이 배어들기 쉬우므로 큼지막하게 썰어서 조림 등에 사용하면 좋습니다. 아랫부분은 매운 맛이 강하므로 잘게 썰어서 된장국의 건더기로 넣거나 절임에 사용합니다. 물론 매운 것을 좋아하는 사람은 이 부분을 무즙으로 해도 좋지요. 갈아서 그대로 두면 시간이 지남에 따라 매운 맛이나 감칠맛이 사라져 버리므로 먹기 직전에 갈아서 먹습니다.

우엉

흙을 물로 씻어낸 다음 껍질은 식칼로 가볍게 깎아 내거나 수세미로 문질러서 제거합니다. 새하얗게 될 때까지 문지르면 풍미가 사라져 버리므로 취향에 따라 조절합니다. 자르자마자 떫은 맛 때문에 변색되기 시작하므로 그릇에 물을 담아서 자른 것부터 넣어 둡니다. 떫은 맛 때문에 물의 빛깔이 탁해지는데, 투명해질 때까지 씻을 필요는 없습니다. 담가 둔 물을 2~3회 바꾸는 정도면 충분합니다. 자른 다음 물에 담가서 떫은맛을 빼는 채소는 가지, 연근(식초물에 담가서 갈색으로 변하는 걸 막는다) 등이 있습니다.

시금치

시금치는 떫은맛이 강한 채소이므로 데친 다음 떫은맛을 제거해 두면 바로 쓸 수 있어서 편리합니다. 뿌리는 흙이 묻어 있으므로 잘 씻어 줍니다. 냄비에 물을 끓이고 물이 끓으면 뿌리 쪽만 넣어서 30초, 그다음 잎까지 모두 넣어서 20~30초 정도 데친 다음, 바로 찬물에 씻어내면 변색을 방지하고 맛있는 식감도 유지할 수 있습니다. 식힌 다음 물기를 짠 후 요리에 사용합니다. 오래 보관하고 싶을 때는 데쳐서 물기를 제거한 시금치를 적당한 크기로 썰고, 다시 남은 물기를 짠 뒤, 보존용기에 담아 냉장 또는 냉동 보존합니다. 냉장하면 2~3일, 조금씩 나눠서 랩으로 싸서 냉동 보존하면 한 달 정도는 보존할 수 있습니다. 사용할 때는 얼어 있는 채로 사용합니다.

버섯류

표고버섯, 송이버섯, 팽이버섯 등 버섯류는 씻으면 풍미가 떨어지므로 씻지 않고 사용합니다. 더러운 것이 있다면 꼭 짠 행주로 닦아내고, 자루의 딱딱한 부분을 떼어냅니다. 가볍게 데치거나 소쿠리에 담아서 뜨거운 물을 끼얹으면 미끈거리는 느낌이 제거되어 식감이 좋아집니다.

모시조개, 바지락, 대합

조가비가 두 짝인 쌍각류는 해감을 해서 사용합니다. 조개가 되도록 겹쳐지지 않도록 넓적한 접시 등에 펼쳐놓고 바닷물 정도의 소금물(500밀리리터의 물에 15그램의 소금)을 찰랑거릴 정도로 넣습니다. 어두운 곳에 두면 모래를 잘 토하므로 신문지를 덮어씌우거나 실내 온도가 높다면 냉장고에 넣어서 2~3시간 두면 됩니다. 껍데기와 껍데기를 서로 비비듯이 해서 잘 씻어낸 다음 사용합니다.

생크림

그라탱이나 크림 파스타 등에 사용하는 생크림. 케이크에 사용되는 폭신폭신하게 거품을 낸 휘핑크림을 상상하는 사람도 많겠지만, 요리에는 거품을 내지 않고 그대로 사용하는 경우가 많습니다. 슈퍼에 가면 우유를 원료로 한 유지방으로 만들어진 생크림과 나란히 식물성 휘핑크림이 놓여 있는데, 그것은 식물성 유지에 첨가물을 넣어서 인공적으로 만든 것으로 유제품이 아닙니다. 생크림은 농후하고 감칠맛이 있으며, 식물성 유지는 유제품 같은 냄새가 적고 깔끔하며 사용하기 쉽고 생크림보다 가격도 쌉니다. 케이크의 크림 등 차갑게 식혀서 거품을 내서 사용하기에는 좋지만, 가열하면 분리되는 경우가 많으므로 따뜻한 요리에 생크림 대신으로 사용하는 것은 적합하지 않습니다.

알아 두면 고기를
선택하는 방법을
알게 되지요!

고기 넘넘
좋아해!

잠깐 실습6

고기의 부위와
적합한 요리

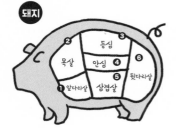

❶ 적당히 부드럽고 사용하기 쉽다.
　→ 볶음, 스키야키
❷ 질기지만 맛은 농후. → 스프, 스튜, 조림
❸ 육질이 매끄럽고 품미가 좋은 상등 부위
　→ 스테이크, 샤브샤브
❹ 상등 부위로 부드럽고 감칠맛이 있다.
　→ 스테이크
❺ 부드럽고 근육이 없고 지방도 거의 없다.
　→ 안심가스, 로스트비프
❻ 부드러운 설도 → 스테이크, 로스트비프
❼ 결이 거칠고, 안쪽 허벅지살은 부드럽고, 바깥쪽
　허벅지살은 질김. → 로스트비프
❽ 질기고 붉은 살코기와 지방이 층을 이루고 있다.
　→ 살짝 굽는 구이 또는 장조림
❾ 힘줄이 있고 지방이 적고 질기지만 졸이면 농
　후하여 콜라겐이 듬뿍. → 스프

❶ 질기지만 맛은 농후. → 카레, 스튜
❷ 등심보다 질기지만 맛은 진함.
　→ 볶음, 돈까스
❸ 부드럽고 사용하기 좋다.
　→ 볶음, 돈까스, 돼지고기 샤브샤브
❹ 부드럽고 지방이 적다. → 안심가스, 소테
❺ 붉은 살코기와 지방층이 있어 맛이 깊다.
　→ 베이컨, 돼지고기찜, 돼지불고기, 차슈
❻ 지방이 거의 없고 붉은 살코기가 많다.
　→ 조림, 햄, 갈거나 저민 고기

❶ 저지방·고단백이며 부드럽다. → 튀김, 소테, 찜닭
❷ 가슴의 일부로 가장 부드럽고 저지방·고단백
　→ 샐러드, 프라이
❸ 지방, 젤라틴이 많다. → 스프, 튀김, 소금구이
❹ 어깨보다 지방이 적다. → 스프, 조림, 튀김
❺ 근육질로 감칠맛이 있다.
　→ 튀김, 조림, 데리야키, 가라아게

밑손질을 해서 파는
생선도
있어요.

내가 할 수
있을까?

생선 밑손질과
적합한 요리

통째로 한 마리

머리, 내장, 비늘은 제거

그림에서 소금을 뿌려 굽거나 통째로 찐다.
→ 전갱이, 꽁치, 도미 등

두 장 뜨기

한쪽에 생선뼈가 붙어 있는 상태로 두 조각을 냄. 생선뼈 부근에 감칠맛이 나는 생선에 적합한 방식. 된장조림, 생강조림 등 조림에 최적.
→ 고등어 등

세 장 뜨기

세 조각으로 나뉘어 있지만 생선뼈 부분은 사용하지 않는다. 껍질을 벗겨서 마리네이드를 하거나 회를 뜨거나 껍질이 붙은 채로 소테를 만든다.
→ 전갱이, 꽁치 등

한 짝

주로 작은 생선을 펼친다. 프라이 등에 사용하기 좋다.
→ 전갱이, 보리멸, 정어리 등

토막

커다란 생선을 조리하기 쉽게 토막낸 것으로, 데리야키, 뫼니에르(생선에 밀가루와 버터를 발라 구운 프랑스식 요리) 등 다용도로 사용하기 좋다.
→ 연어, 대구, 방어, 도미 등

덩어리

커다란 생선의 먹을 수 있는 부분만을 주로 횟감으로 사용하기 위해 잘라낸 것.
→ 참치, 가다랑어, 방어, 연어 등

토막낸 생선도 씻어야 하나요?

신선한 것이라면 요리에 따라 밑손질(소금을 뿌리거나 술을 뿌리는 등)을 한 다음, 배어 나온 수분을 키친 페이퍼로 눌러서 제거하면 충분합니다. 늦은 시간에 슈퍼에서 산 토막 생선 등, 약간 신선도가 떨어지는 생선이라면 재빨리 씻어서 점액이나 비린내, 피 등을 제거해요. 재빨리 씻어서 물기를 확실하게 제거하는 것이 포인트랍니다.

누구라도 만들 수 있는
'카레 루'의 마법

지금까지 재료와 레시피 표기법, 채소 써는 법 등 여러 가지를 배웠습니다. 책이나 인터넷에서 레시피를 찾지 않더라도 만들 수 있는 '대표 선수'는 카레라이스 아닐까요. 조리 실습이나 캠핑에서 카레라이스를 만들어 본 적이 있는 사람도 많을 것입니다. 고기와 채소를 볶고, 물을 부어서 끓인 다음 카레 루를 넣어서 섞으면 끝!

조리 방법이 아주 단순하여 누구라도 실패하지 않고 카레를 만들수 있습니다.

그럼 냄비에 넣기만 하면 카레를 만들 수 있고, 레시피도 필요 없는 이 카레 루란 뭘까요?

'루'는 프랑스어로 밀가루를 버터 같은 유지에 볶은 것을 말하며, 스프 등에 섞어서 끈기가 있게 만들 때 사용합니다. 스튜나 다양한 소스 등은 이렇게 해서 만들어진 것입니다. 말하자면 카레도 원래는 그렇게 해서 만드는 요리라는 말이지요. 밀가루를 버터에 볶고, 향신료와 조미료로 맛을 내고, 스프와 섞어서 우리가 아는 카레가 되는 것입니다. 조리 순서가 복잡하거나 간을 맞추기 어려운 등의 고민을 단숨에 해결해 주는 것이 우리가 애용하는 카레 루입니다. 밀가루, 유지, 향신료, 조미료를 가열 조리하여 수분을 없애고 고형이나 가루로 만든 것으로, 이것만 사용하면 맛을 조절할 필요가 없습니다. 원래는 많은 재료와 수고가 필요한 카레를 누구라도 쉽게 만들 수 있게 해 주는 것이 이 카레 루의 마법입니다.

매운 정도에 따라 단맛과 매운맛, 순한 맛 등 맛의 차이가 나는 다양한 종류의 루가 있어 고르는 즐거움도 있습니다. 하지만 '나만의 맛'을 추구하는 사람도 의외로 많지요. 마늘이나 생강 등의 향미 채소, 소스나 간장 등의 조미료뿐만 아니라 요구르트나 커피 등을 넣는 사람도 있습니다. 그 결과 맛의 밸런스가 무너져서 '나만의 맛'도 사라져 버리거나, 너무 진한 맛이 되거나, 물의 양이 달라져서 맛이 이상해지거나, 카레 루를 사용했는데 별로 맛이 없는 등의 해프닝도 발생합니다. 우선은 카레 루를 넣어서 '심플하게' 만들어 볼 것을 권합니다.

그런 다음에 취향에 맞는 카레를 만들고 싶어진다면, 그때는 반드시 루부터 직접 만들어 봅니다. 간단해 보이던 카레 만들기가 만만치 않다는 사실을 알게 될 뿐 아니라, 향신료나 조미료를 다양하게 조합해 보는 재미도 느끼게 될 것입니다.

치킨 카레

닭고기를 사용한 카레라이스.
카레 루를 사용하여 만드는 기본적인 레시피입니다.

재료(2인분)

닭다리 ·············· 150g
감자 ··············· 작은 것 1개 ⓐ
양파 ·············· 중간 크기 1/2개
당근 ·············· 1/3~1/4개
물 ················· 500ml
월계수잎 ⓑ ········ 1장
카레 루(시판) ······· 2조각
밥 ················· 밥공기 2개분

ⓐ 채소는 크기가 각각 다르므로 소나 중등 크기의 기준이 적혀 있기도 합니다.

ⓑ 월계수잎은 월계수의 잎을 건조시킨 향신료. 고기의 냄새를 제거하기 위해 조림 요리 등에 많이 사용합니다. 슈퍼의 향신료 코너에서 판매하고 있습니다.

만드는 법

1 닭고기는 한 입 크기, 감자는 4등분으로 썰고, ⓐ 양파는 채썰기, 당근은 깍둑썰기를 한다.

ⓐ 감자는 너무 잘게 썰면 익히는 동안에 풀어져 녹아 버릴 뿐 아니라, 식감도 좋지 않게 됩니다.

2 밑이 두꺼운 냄비에 기름(분량 외)을 두르고, 중불로 가열한다. 냄비가 데워지면 닭고기를 볶고, 갈색으로 변하면 채소를 넣고 약불에서 충분히 볶는다.

3 감자의 표면이 약간 투명해지면 물을 붓는다. 끓으면 거품을 걷어내고 ⓑ 월계수잎을 넣고 뚜껑을 덮는다. 이때 뚜껑은 완전히 덮지 않고 약간 열어 둔다. ⓒ 그대로 20분 정도 약불에서 익힌다.

ⓑ 고기와 채소에서 거품이 생기므로 건져서 버립니다.

ⓒ 끓어 넘치지 않도록 김이 새어나갈 수 있는 길을 만들어 줍니다.

4 카레 루를 넣고 잘 녹인 다음 10분 정도 끓여서 걸쭉하게 만든다. ⓓ 월계수잎을 건져낸다.
※ 너무 되직하다면 물을 더 부어 준다. ⓔ

ⓓ 바닥에 눌어붙기 쉬우므로 가끔 휘저어 줍니다.

ⓔ 레시피에는 이런 보충 설명이 들어 있기도 합니다.

5 밥과 함께 접시에 담아낸다.

채소된장볶음

고기와 채소가 들어 있으므로 약간의 요령만 있으면 맛있게 만들 수 있습니다.

재료(2인분)

돼지고기 ······ 150g	A(합쳐서 섞어 둔다) **ⓒ**
(등심 또는 목심 얇게 썬 것)	된장 ········· 1큰술
소금 ·········· 한 꼬집 **ⓐ**	미림 ········· 1큰술
후추 ········· 적당량	간장 ········· 1작은술
술 ············· 1큰술	술 ············· 1큰술
녹말가루 ······ 2작은술	생강즙 ······· 1조각 **ⓓ**
양배추 ········ 1장	
당근 ·········· 1/3~1/4개	
양파 ········· 1/4개	
콩나물 ············· 1/4봉지	
마늘 ······ 1쪽 **ⓑ**	
검은 후추 ········ 적당량	

ⓐ 엄지와 검지, 중지의 끝으로 집은 분량. 약 1/5~1/4작은술입니다.

ⓑ 쪼개진 조각 하나를 1쪽이라고 합니다. 크기에 따라 다르지만 약 5~10g입니다.

ⓒ 맛을 배어들게 하는 데 사용하는 조미료를 먼저 섞어서 준비합니다. 지시가 없는 경우도 있으므로 만드는 법을 전체적으로 쭉 훑어봅니다.

ⓓ 생강 한 조각은 엄지의 끝, 제1관절 정도까지의 크기로 자른 것으로, 약 10g입니다.

만드는 법

1 돼지고기에 소금, 후추를 뿌리고 술을
골고루 바른다. **ⓐ**

2 양배추는 3cm 크기의 정사각형으로 썰
고, 당근은 길게 직사각형으로 썰고, 양
파는 얇게 채썬다. 콩나물은 껍질을 벗
긴다. 마늘은 얇게 썰어서 싹을 제거한
다. **ⓑ**

3 프라이팬에 기름 1/2큰술(분량 외)**ⓒ**을
붓고 약불에서 마늘을 볶는다. 색이 변
하면 꺼낸다.

4 기름이 남아 있는 프라이팬에 녹말가루
를 털어낸 1을 넣고 **ⓓ**, 색이 변할 정도
로 구운 다음 꺼낸다.

5 같은 프라이팬에 양배추, 당근, 양파,
콩나물을 넣고 볶는다. 너무 섞지 말고
가볍게 굽듯이 볶는다.

6 마늘과 돼지고기를 넣어 가볍게 섞고
A를 넣어서 재빨리 볶는다. 검은 후추
를 뿌려서 접시에 담는다.

ⓐ 돼지고기의 누린내를 제거하
고 부드럽게 하기 위한 과정
입니다. 이 과정을 거치면 식
감이 좋아집니다.

ⓑ 마늘 조각 속에 있는 녹색의 싹
부분은 제거하고 사용합니다.

ⓒ 볶을 때의 기름이나 데칠 때
의 소금 등 음식의 맛과 상관
없는 물이나 기본적인 조미료
는 '분량 외'로 만드는 법에 나
오기도 합니다. 갑자기 나와
서 난감해지지 않도록 미리
체크합니다.

ⓓ 고기의 감칠맛이 빠져나오지
않도록 하기 위한 과정입니
다. 고기와 녹말가루를 비닐
봉지에 넣고, 공기를 넣어 입
구를 봉해서 흔들어 주면 쉽
게 가루를 골고루 묻힐 수 있
습니다.

달걀 반숙을 얹은 명란 스파게티

스파게티와 명란을 섞기만 하면 되는, 프라이팬이 필요 없는 간단 레시피.

재료(2인분)

스파게티(1.6mm) ········ 160g
올리브오일 ··········· 1작은술
소금 ················· 2작은술
명란 ······ 1/2덩어리(약 30g) ⓐ
우유 ····················· 2큰술
버터 ······················ 10g
다시마 우린 물 ······ 1/2작은술
반숙 달걀 ··················· 2개
무순 ················· 적당량 ⓑ
자른 김 ·············· 적당량 ⓑ
명란(장식용) ········ 적당량 ⓑ

ⓐ 1덩어리는 2개가 쌍으로 있는 상태의 것을 가리킵니다. 1/2덩어리는 그것의 절반이므로 1개를 말합니다.

ⓑ 완성된 음식의 맛에 영향을 미치지 않는 재료로, 양은 취향에 따라 조절해도 되는 것은 '적당량'이라고 표기됩니다.

만드는 법

1 명란은 얇은 막을 제거하고 내용물을 꺼
낸다. 볼에 명란, 우유, 버터, 다시마 우
린 물을 넣고 섞는다.

2 큼직한 냄비에 1 *l* 의 물을 끓인다. 소금
2작은술과 올리브오일을 넣고 ⓐ, 스파
게티를 표시보다 1분 짧게 삶는다. ⓑ

3 삶은 파스타의 물기를 제거하고 ⓒ, 1의
볼에 넣어서 섞어 접시에 담는다. 반숙
달걀, 무순, 자른 김, 명란(장식용)을 얹
는다.

ⓐ 소금을 넣으면 면 자체에 간
을 할 수 있고, 올리브오일은
면이 서로 달라붙지 않게 합
니다.

ⓑ 후열로 열이 남아 있으므로 1분
짧게 삶고, 그 후의 조리도 빨
리 합니다.

ⓒ 물기를 확실하게 제거하지
않으면 질척해지므로 주의합
니다.

볼에서 섞기만
하면 되니까
간단해!

과자 만들기에 관한
소박한 의문

Q 초콜릿을 중탕했더니 퍼석퍼석해졌어요.

A 중탕하는 동안에 물이 들어갔거나 물의 온도가 높았던 것이 원인일 수 있습니다. 초콜릿은 유지이므로 약간이라도 물이 들어가면 굳어서 퍼석퍼석해집니다. 일단 이 상태가 되면 원래대로 돌이키는 것은 어려우므로 수분이 들어가지 않도록 주의합니다. 냄비보다 약간 큰 볼을 선택해 중탕을 하면 뜨거운 물이나 수증기가 들어가는 것을 방지할 수 있습니다. 온도는 50℃ 정도가 적당합니다.

Q 젤리를 만들 때, 한천 대신 같은 양의 젤라틴을 써도 되나요?

A 사용하는 양이나 굳는 온도, 만들었을 때의 식감이 다르므로 같은 양으로 대치하는 것은 좋지 않습니다. 젤라틴은 소나 돼지의 뼈·가죽에 함유된 콜라겐으로 만들어져 탄력이 있고, 먹었을 때 부드럽고 입 안에서 녹는 느낌이 좋습니다. 상온에서 녹기 때문에 냉장고에서 굳힙니다. 한천은 해초로 만들며, 탄력이 별로 없지만 씹는 느낌이 좋습니다. 또로록 부서지는 것 같은 식감이며 상온에서도 굳어지므로, 만든 것을 운반하기가 편합니다.

Q 달걀의 흰자와 노른자가 잘 섞이지 않아요.

A 젓가락으로 섞으면 흰자와 노른자가 잘 섞이지 않지만 포크로 섞으면 흰자의 끈기가 없어지기 쉬워서 노른자와도 잘 섞입니다. 끝이 둥근 것이나 플라스틱제·목제 포크보다는 금속제를 추천합니다.

Q 남은 열을 뺀다, 체온 정도로 한다, 실온으로 되돌린다…… 각각 몇 ℃ 정도를 말하는 건가요?

A '남은 열을 뺀다'는 가열한 것을 다음 공정으로 진행하기 전에 열을 식히는 것을 말하며, 손가락을 대 보았을 때 약간 따뜻한 느낌이 있는 40℃ 정도입니다. '체온 정도로 한다'는 열을 식힐 때에도, 데울 때에도 사용되는 표현으로, 말 그대로 체온에 가까운 36℃ 전후입니다. '실온으로 되돌린다'는 버터나 달걀을 냉장고에서 꺼내서 실내에 두어 상온으로 할 때에 사용됩니다. 기준은 23~25℃ 정도.

Q 떠내듯이 섞는다는 건 무슨 말인가요?

A 만든 반죽의 기포가 무너지지 않도록, 또는 너무 섞이는 것을 막기 위해 대충 섞는 것입니다. 실리콘주걱이나 나무주걱을 세워서 반죽에 넣고 볼의 밑바닥부터 퍼내듯이 하여 공기를 함유하게끔 크게 섞는 것을 말합니다. 빙글빙글 치대듯이 섞는 것은 NG. 단, 마른 가루가 남지 않도록 섞을 때 주의합니다. '자르듯이 섞는다'라고 표현되기도 합니다.

Q 그래뉴당이 없으면 보통 설탕을 써도 되나요?

A 보통 설탕이란 백설탕을 말하는 것이지요. 외국에서는 설탕, 하면 그래뉴당을 가리키는 일이 많다고 합니다. 원료는 둘 다 같고 정제의 정도만 다를 뿐입니다. 백설탕은 그래뉴당보다 단맛이 강하고 깔끔하여 구운 과자 등에 사용하면 빛깔이 잘 나는 특징이 있습니다. 집에서 과자를 만들 때 대신 사용해도 큰 실패는 없을 것입니다. 다만, 구울 때 색깔을 내고 싶지 않은 과자(머랭이나 마카롱 등)는 그래뉴당을 쓰는 것이 낫습니다.

Q 레시피에 버터(무염)이라고 쓰여 있는데, 가염버터나 마가린을 대신 써도 되나요?

A 무염버터의 분량을 그대로 가염버터로 치환하면 소금기가 완성된 음식의 맛에 영향을 미칩니다. 특히 버터를 많이 사용하는 과자의 경우에는 그 영향이 대단히 크지요. 또한 마가린은 식물성지방으로 만들어져 있어서 버터만큼 향이나 풍미, 맛이 나지 않습니다.

마가린 역시 버터의 사용량이 많은 레시피에서는 완성된 음식에 영향을 미치기 때문에 대용하지 않는 것이 무난하지만, 깔끔한 식감이 난다는 특징이 있으므로 과자 만들기에 익숙해지면 서로 비교해서 만들어 봐도 즐겁겠지요.

Q 레시피에 생크림이라고 쓰여 있는데, '휘핑크림'을 써도 괜찮나요?

A 생크림은 동물성 유지, '휘핑크림'은 식물성 가공유지입니다. 휘

핑크림은 생크림에 비해 가격이 싸고 보존 기간도 길며, 거품을 냈을 때 잘 분리되지 않고 흰색이라 깔끔하여 과자 만들기 초보자가 다루기 쉬운 재료입니다. 유제품을 잘 먹지 못하는 아이들이 먹기에도 좋습니다. 반면 풍미나 맛은 생크림보다 덜하며 유화제나 안정제 같은 첨가물이 들어 있기도 합니다.

※ 오해의 소지가 있는데, 원래 '휘핑크림'이란 생크림에 설탕을 더해서 거품을 낸(＝휘핑한) 크림을 말합니다. 케이크 데코레이션 등에 사용하는 크림을 말하며, 식물성 유지의 '상품명'이 아닙니다.

Q 빵케이크와 핫케이크는 다른 건가요?

A 둘 다 기본적인 재료는 밀가루, 달걀, 우유, 설탕, 베이킹파우더입니다. 프라이팬에서 굽는 케이크를 통틀어서 빵케이크라고 하며, 크레이프도 빵케이크의 일종입니다. 외국에서는 빵케이크라고 불리는 일이 많지만, 미국에서는 두툼하게 구운 것을 핫케이크라고 부릅니다. 일본에서는 두툼하게 구워서 달콤한 간식이나 디저트로 먹는 것이 핫케이크이며, 얇게 구워서 식사로 먹는 것이 빵케이크라는 이미지가 오랫동안 있었는데, 요즘은 달콤한 빵케이크를 제공하는 가게나 레시피에도 대부분, 간식이나 디저트용인지 식사용인지 따로 구별하지 않게 되었습니다.

Let's Try! 레시피를 보고 직접 만들어 보자! - 과자편

견과류와 건포도를 얹은 초콜릿

중탕한 초콜릿을 이용한 과자.
간단하지만 세련되고 어른스럽다.

재료(2인분)

밀크초콜릿 Ⓐ····················· 50g
호두 ······························· 0g
아몬드 ························· 12알
건포도 ························· 24알
아르장 ······················ 적당량
(argent, 설탕과 녹말을 섞어 알갱이
를 만들어 식용 은분(銀粉)을 묻힌 것.)

Ⓐ 초콜릿은 종류에 따라 템퍼링* 온도가 다릅니다. 여
기서는 판 모양의 밀크초콜릿을 사용합니다. 제과
용 초콜릿 등에는 지시나 보충이 씌어 있는 경우도
많으므로 꼭 체크합니다.

* 템퍼링이란?
초콜릿을 한번 녹였다가 다시 굳히는 동안에 온도 관
리를 하는 것. 템퍼링(tempering)을 하면 식감이 부
드럽고 윤기 있는 초콜릿이 됩니다. 녹였다가 다시 굳
히기만 한 초콜릿이 그저 그런 맛이 나는 것은 템퍼
링을 무시했기 때문입니다. 반드시 온도계를 사용해
서 도전해 봅시다.

만드는 법

1 초콜릿은 식칼로 잘라서 볼에 넣는다.

2 1보다 약간 작은 볼에 50℃의 물을 붓고
1의 볼을 넣어 중탕한다. **ⓐ** 온도가 낮
아지면 뜨거운 물을 갈아 준다.

3 초콜릿이 녹으면 볼 바닥에 물을 부어
급랭시켜 26~28℃까지 낮춘다. **ⓑ**

4 이어서 29~31℃로 약간 온도를 높인
다. **ⓒ**

5 틀 위에 쿠킹 시트 **ⓓ**를 깔고, 4를 한 스
푼씩 떨어뜨려 둥글게 편다. 그 위에
호두, 아몬드, 건포도, 아르장을 장식한
다. 냉장고에서 굳을 때까지 식힌다.

ⓐ 템퍼링 1단계.
초콜릿을 녹이는 온도에 주
의합니다.

ⓑ 템퍼링 2단계.
녹인 초콜릿의 온도를 낮추는
작업입니다.

ⓒ 템퍼링 3단계.
온도를 낮춘 초콜릿의 온도를
약간 올려서 마무리합니다. 3
의 물에 뜨거운 물을 약간 더
해서 데워 주면 좋습니다. 온
도가 너무 올라가지 않도록
조심합니다.

ⓓ 쿠킹 시트는 표면이 매끈매끈
한 종이로, 이것을 깔면 과자
를 깔끔하게 떼어낼 수 있습
니다. 물이나 기름, 열에 강하
므로 요리에도 활용할 수 있
습니다.

빵케이크

여러 장을 구워서 겹쳐 쌓아 올리면 보기만 해도 흐뭇해지는 디저트 완성!

재료(5~6장분)

A
밀가루 **ⓐ** ··········· 150g
설탕 ················ 3큰술
베이킹파우더 **ⓑ** ··· 1/2큰술
소금 ············· 한 꼬집

B
달걀 ·············· 1개
샐러드유 ········ 1큰술
벌꿀 ············· 1큰술
우유 ············· 150ml
라즈베리 ······· 적당량
블루베리 ······· 적당량
메이플 시럽 ···· 적당량
버터 ··········· 적당량
휘핑크림 **ⓒ** ···· 적당량

ⓐ 레시피에 밀가루라고 되어 있을 때는 박력분을 사용합니다.

ⓑ 베이킹파우더는 구운 과자나 빵을 부풀게 하기 위해 사용합니다. 슈퍼의 밀가루나 녹말가루 등을 파는 코너나 제과 재료 코너에서 판매하고 있습니다.

ⓒ 125쪽 추가 설명 참조. 생크림(또는 휘핑)을 거품을 낸 상태의 크림을 말합니다.

만드는 법

1 A의 가루를 볼에 넣어 거품을 낸 다음
그릇에서 잘 섞어 준다. 가운데를 움푹
파이게 하여 잘 섞은 **ⓐ** B의 절반을 넣
는다. 가루를 무너뜨리듯이 조금씩 섞
고 **ⓑ**, 천천히 전체를 섞어 간다.

2 B의 나머지 절반을 넣어서 섞는다.

3 프라이팬에 샐러드유(분량 외)를 살짝
두르고 약불로 달군다. 프라이팬이 달
궈지면 젖은 행주 위에 잠깐 올려서 온
도를 낮추고 **ⓒ**, 다시 약불에 달군다. 2
의 반죽을 한 국자 떠서 붓는다. **ⓓ**. 표
면에 보글보글 기포가 생기면 뒤집어
서 반대쪽도 굽는다.

4 접시에 담고 라즈베리, 블루베리, 버터
를 얹고 메이플 시럽을 끼얹는다. 취향
에 따라 휘핑크림을 뿌린다.

ⓐ 레시피에 '섞는다'라고 되어
있을 때는, 1과는 별도의 볼에
B의 재료를 넣어서, 잘 저어
둡니다. 1의 볼에 B의 재료를
직접 넣지 않도록 합니다.

ⓑ 가운데부터 천천히 밀가루를
흐트러뜨리듯이 섞습니다. 한
번에 전체를 섞으면 뭉쳐서 멍
울이 생기기 쉬우므로 주의합
니다.

ⓒ 첫 번째 빵케이크를 굽기 전
에 프라이팬의 온도를 한 번
낮춤으로써 반죽을 부었을 때
과열되어 기포가 많이 생기는
것을 막고, 색깔이 고르게 구
워집니다.

ⓓ 두 번째부터는 프라이팬 온도
가 다시 올라가기 전에 재빨
리 반죽을 붓습니다.

선물을 할 때는
상대방에게 맞춰서!

밸런타인데이나 크리스마스, 핼러윈 등 이벤트를 계기로 과자 만들기에 처음으로 도전하는 사람이 많을 것입니다. 그 경우 과자를 만드는 것보다 선물하는 것이 목적이므로, 어떻게 해서든 그럴 듯한 완성품을(시간도 별로 없는 와중에) 만들어서 기쁘게 해 줘야 하지요.

그럴 때는 다음 사항을 기억합시다. ① 되도록이면 간단한 레시피를 고르고, 무작정 만들기에 돌입하지 말 것(자신의 실력을 과신하지 맙시다). ② 선물(상온에서 운반)에 적합한 과자를 고를 것(모양이 잘 망가지지 않고, 너무 크지 않고, 냉장하지 않아도 되는 것 등, 상대방이 갖고 돌아갈 것도 고려해서 선택합니다). ③ 위생에 신경 쓸 것(손 씻기는 물론 머리카락, 반려동물의 털이나 먼지가 들어가지 않도록 세심한 주의를 기울입니다). ④ 상대방에게 도망갈 길을 만들어 줄 것(아무리 친한 사이라 해도 눈앞에서 먹어 줄 것을 기대하는 눈빛으로 강요하면 안됩니다. 가능한 상대방이 갖고 돌아갈 수 있도록 합니다. 받은 자리에서 자발적으로 먹어 주는 경우는 별개지만, 잘 먹지 못하는 것이 들어 있을 수도 있으니까요. 어디까지나 '마음'을 전달한다는 자세로 준비합니다).

과자 만들기의
즐거움

　과자를 만들 수 있게 되면 자신이 좋아하는 것을 먹을 수 있고, 다른 사람에게 선물해서 기쁘게 해 줄 수도 있는 행복이 있습니다. 하지만 좋아하는 맛을 내거나 멋지게 마무리하려면 어느 정도의 경험과 기술이 필요합니다. 또한, 시판하는 제품보다 반드시 저렴하게 먹히는 것도 아니고, 과자 자체가 기호품이기에 일상의 식사와 달리 생활에 필요한 것이 아닙니다. 이렇게 보면 직접 만드는 '장점'은 별로 없을 것 같지요.

　하지만, 반드시 한 번은 도전해 보세요. 평소에 먹던 쿠키나 푸딩이 어떻게 만들어진 것인지 직접 해 보지 않으면 만드는 법은 물론 재료조차 전혀 모르는 경우가 많을 것입니다. 재료나 만드는 법을 알면 가게에서 파는 것을 먹었을 때의 느낌이 분명히 달라질 것입니다. 그것만으로도 먹거리에 대한 생각의 폭이 넓어지지 않을까요?

가공식품과 사귀는 법

상미기한과 소비기한

시판 식품은 대부분 상미기한 또는 소비기한이 적혀 있습니다. 둘 다 '적힌 날짜까지 먹는다'라는 기준이지만, 뜻은 약간 다릅니다. 상미기한은 맛있게 먹을 수 있는 기간을 말합니다. 적혀 있는 날짜를 넘어가면 맛은 떨어지지만 바로 부패하거나 먹을 수 없게 되는 등, 인체에 유해하지는 않습니다. 통조림이나 인스턴트 식품 등 장기간 보존 가능한 식품에 적혀 있는 경우가 많습니다. 한편, 소비기한은 도시락이나 빵, 두부나 우유 등 상하기 쉬운 식품에 적혀 있습니다. 안심하고 먹을 수 있는 기한을 표시하고 있으므로, 표시된 기한을 넘긴 다음에는 먹지 않도록 합시다. 모두 미개봉 상태에서의 기한입니다. 개봉하면 보존 상태가 달라지므로, 빨리 먹도록 합니다.

부패하는 것, 부패하지 않는 것

아침에 도시락을 만들어 직장이나 학교에 갖고 가서 점심시간에 먹거나 아침에 가족이 나가기 전에 만들어 준 요리를 집을 보면서 낮이나 저녁에 먹는 등, 갓 만든 요리가 아니라 시간이 지난 다음에 요리를 먹는 일도 많습니다.

카레는 만든 당일보다 다음날 더 맛있다는 느낌이 있지요. 가스레인지나 전자레인지로 데우는 등, 반드시 따뜻하게 해서 먹습니다. 또한 볶음이나 조림, 마리네이드 등은 많이 만들어서 냉장고에서 2, 3일 두고 며칠에 걸쳐서 먹기도 하지요. 이것들은 소금이나 간장, 식초 등으로 맛이 속까지 잘 배어들게 함으로써 오래 보관할 수 있게 되어 있습니다. 절임에는 염분이 들어 있어서 더 오랫동안 보관할 수 있습니다.

집에서 만든 요리만큼 신경 쓰지 않아도 오랫동안 보관할 수 있도록 만들어져 있는 것이 시판 식품입니다. 예를 들어 편의점이나 슈퍼에 진열되어 있는 토핑빵, 카레나 달걀 샐러드나 참치마요네즈 등은 통상적으로 상온 보존에서는 염려되는 토핑이 얹혀 있지만 상온의 빵 코너에 진열되어 있으며, 소비기한이 제조일로부터 2~3일 후로 설정되어 있기도 합니다.

일반 가정의 부엌과 기업과 같은 제조공장은 안전 관리도 크게 다르며, 세균이 발생하기 힘들다는 점도 있지만, 커다란 차이는 시간이 지나도 풍미나 식감을 해치지 않도록 보존료 등의 첨가물을 사용하고 있습니다. 덕분에 통상적으로는 냉장 보존해야 하는 것도 상온에서 2~3일 보존할 수 있도록 상품화할 수 있습니다.

요즘은 소량으로 사용하기 좋게 잘라진 채소(양상추나 양배추 등)도 많이 볼 수 있습니다. 이것들도 가게에서 진열되어 있는 동안에 색깔이 변하거나 손상되면 안 되므로 살균제로 세척하고 선도를 유지하기 위한 조정제가 사용됩니다.

독립해서 혼자 살게 되면 식품은 부패한다는 것을 몸으로 체험하게 됩니다. 직접 만든 반찬이 쉰내를 풍기며 변해 있거나 장을 봐 와서 내팽개쳐 둔 채소가 썩거나 식재료가 상해서 버리는 경험 자체는 '실패'일지 모르지만, 그런 경험을 통해 세상에 넘쳐나는 식품을 보는 눈이 조금은 달라질 것입니다.

식품에 사용되는 첨가제는 인체에 무해하다고 국가가 인증한 것으로, 아주 편리한 것이기도 합니다. 그러므로 첨가제에 너무 민감해질 필요는 없을 것입니다. 그러나 직접 요리를 할 때는 절대로 넣지 않을 것이 들어 있다는 것도 잊지 말아야 합니다.

과즙 99%로는 '주스'라고 부르지 않는다

일반적으로 주스라고 하면, 차나 알코올 등과 구별하여 과일맛 음료를 가리킨다고 생각하지만, 식품 표시상 주스는 100% 과즙인 것만을 가리킵니다.

100% 주스가 아니면 포장지에 과일의 단면을 둥글게 자른 일러스트를 사용할 수 없습니다.

그렇다면 100% 주스에 과즙만 들어 있느냐 하면 그렇지는 않습니다. 과즙 주스의 정의는 정확하게는 '한 종류의 과실을 짠 즙 또는 환원과즙 또는 이들에 설탕류, 벌꿀 등을 첨가한 것'이라고 되어 있습니다. 농축환원(濃縮還元)이란 한 번 짠 과즙의 수분을 날리고, 다시 수분(이나 당류)을 첨가한 것입니다. 과즙 이외에 수분(이나 당류)이 들어 있는 것도 있습니다.

이 환원과즙을 사용한 것은 'ㅇㅇ주스(농축환원·가당)'라고 표시됩니다. 100% 주스이니 여분의 당류는 들어 있지 않다고 생각한다면 커다란 착각입니다. 신경 쓰이는 사람은 앞면만이 아니라 뒷면에 있는 표시도 체크합시다.

'과즙 제로' '칼로리 0'이란 무슨 말?

100% 주스와는 반대로 과일 이름이 상품명에 들어 있거나 포장지에 과일 그림이 그려져 있음에도 '무과즙'이라고 표기되어 있는 것도 많습니다. 이것은 어떤 것일까요?

이는 '주스'가 아니라 '청량음료'로서 과즙이 5% 미만인 경우에는 '과즙 ○%' 또는 '무과즙'이라고 반드시 표기하게 되어 있습니다. 과즙 5% 미만인 것은 리얼한 과일 일러스트는 사용하지 못하며, 데포르메(자연 형태를 예술적으로 변형한 것)되어 도안화한 일러스트만 넣을 수 있습니다.

어느 쪽이든 그런 소량의 과즙으로는 본래의 과일 맛이 날 수 없지요. 오렌지나 포도 맛이 나는 것은 감미료, 산미료, 향료를 첨가하고 과즙에 가까운 빛깔을 내는 착색료 등을 넣었기 때문입니다. 말하자면 과즙 0%란 '물과 첨가물뿐'이라는 말입니다!

비슷한 표기로 탄산음료·알코올 중 분명히 단맛이 있는데 '칼로리 0', '논칼로리'라고 광고하는 상품도 많이 있는데, 실제로는 칼로리가 0이 아닌 경우가 많습니다. 식품 100그램당 5킬로칼로리 미만이면 '0'이라고 표기해도 되기 때문입니다.

여기서 대활약하는 것이 저칼로리 감미료입니다. 대표적인 것이 바로 천연감미료인 스테비아(stevia)입니다.

1그램당 4킬로칼로리로 설탕과 같지만 느끼는 단맛은 설탕의 약 300배이며, 그러므로 설탕보다 훨씬 적은 양으로 확실한 단맛을 낼 수 있습니다. 이 천연감미료 이외에 다양한 인공감미료도 사용되고 있습니다.

신경을 쓰기 시작하면 시판되는 식품은 첨가물에 절어 있는 것 같지만, 이것을 100% 피하는 식생활을 하는 것은 현대인에게는 대단히 어려운 일입니다.

예를 들어 편의점에서 파는 샌드위치를 사지 않고 직접 만들려고 해도 슈퍼에서 산 식빵에 (일반적인 상품이라면) 이미 첨가물이 들어 있습니다.

최근에는 안심·안전을 내세우는 상품도 많으며, 소비자의 다양한 니즈에 맞도록 상품의 폭도 넓어지고 있습니다. 소비자에게 선택의 자유가 있다는 것, 꼭 한 번 생각해 보기 바랍니다.

100% 사과주스를 만들어 봤어.

일일이 확인 안 했는데 여러 가지 첨가제가 들어 있구나.

식사를 즐겁게, 풍성하게

1인 가구가 점차 늘어나는 요즘에는 어디를 가도 혼자 식사하는 모습이 낯설지 않습니다. 옛날처럼 일행 없이 혼자 식당에 가서 주인 눈치를 봐야 하는 일도 별로 없고, 주문은 2인분 이상부터라는 소리에 발길을 돌려야 하는 일도 적지요. 오히려 최근에는 1인용 테이블을 갖추어 놓은 곳도 많고 아예 '혼밥' 전용 식당도 생겨나는 추세입니다.

이런 문화가 확산이 되어서인지 혼자 사는 사람이 집에서 직접 식사를 만들어 먹는 일은 그리 많지 않은 것 같습니다. 귀찮고 번거롭다, 요리가 서툴다, 시간이 없다, 혹은 식재료비가 비싸다 등 여러 가지 이유를 들어 외식을 하지 않는 경우에도 인스턴트 식품이나 배달 음식으로 끼니를 때우는 사람이 많지요. 하지만 이런 식생활을 계속 유지하게 되면 은근히 지출도 늘어나고 건강에도 좋지 않습니다.

직접 한식을 만들어 먹기가 부담스럽다면 비교적 간단하게 만들 수 있고 재료도 손쉽게 구할 수 있는 다른 메뉴를 골라서 '집밥'을 만들어 먹는 것은 어떨까요? 요즘엔 꼭 외국에 나가지 않더라도 여러 나라의 식문화를 접할 수 있지요. 또 세계 여러 나라에서 한국으로 들어와 한국인의 입맛에 맞게 변형된 다양한 퓨전 요리도 있으니 취향대로 선택하면 됩니다.

일본 또한 유네스코무형문화유산에 등록된 '일식'이라는 전통적인 식문화를 갖고 있으면서, 외국에서 들어온 식문화를 유연하게 받아들여 다양한 음식을 즐기고 있습니다. 중식은 물론이고 이탈리안이나 프렌치 등의 양식, 제3세계의 에스닉푸드까지 현지화하여 발전시키고 있지요.

우리가 즐겨 먹는 크로켓, 카레라이스, 돈가스, 오무라이스, 그라탱 등의 메뉴도 모두 서양요리가 일본에 들어와 변주된 것입니다. 이런 메뉴는 한국 가정에서도 친숙해서 많이 만들어 먹는 것이니 이번 수업에서 소개한 것부터 시도해 보도록 합시다. 그렇게 하다 보면 어느새 직접 만들어 먹는 즐거움을 알게 되고 요리 실력도 늘어나게 될 것입니다.

식사는 삼시세끼. 우리는 아침·점심·저녁, 삼시세끼를 먹습니다. 이런 식으로 하루에 세 번씩이나 하는 일은 식사 이외에는 없을 것입니다. 삼시세끼만 충실하게 챙긴다면 일상생활이나 인생도 반드시 풍요로워질 것입니다. 이 요리의 장에서 배운 것을 토대로 여러분의 식생활이 맛있고, 즐겁고, 건강해지기 바랍니다.

정리와
청소 수업

감수 기무라 요시에(청소 오거나이저)

정리의 정답은
하나가 아니다

'방 정리 좀 해라!'라는 말, 어렸을 적부터 많이 들어 왔지요? 어찌된 일인지 물건이 여기저기 나와 있다든지, 늘어난 물건이 서랍에 들어가지 않고 방바닥에 쌓여 있다든지, 방이나 책상 위가 어질러져 있다든지. 분명 모든 사람이 그런 경험이 있을 것입니다. 정리되지 않은 집에서 산다는 것은 물건을 찾기 힘들다거나 청소를 하기 힘드는 등 불편할 뿐만 아니라, 어쩐지 마음이 차분해지지가 않고, 쾌적하게 지낼 수 없는 등, 기분에도 좋지 않은 영향을 미칩니다.

정리가 안 된다는 것은 성격도 근성도 아니며, 제대로 된 단계를 밟고 있지 않은 것뿐입니다. 순서만 제대로 알면 누구라도 정리를 할 수 있습니다.

다만 똑똑히 기억해 두어야 하는 것은 정리의 정답은 하나가 아니라는 것입니다. 텔레비전이나 잡지를 보면 책상 서랍은 이렇게 정리해라, 책은 이렇게 정리해라, 옷장은 이런 순서로 정리해라 등의 내용이 소개되지요. 이런 교과서 같은 말들은 어디까지나 참고일 뿐이며, 모든 사람을 위한 정답은 아닙니다. 수트를 좋아해서 수트를 많이 갖고 있는 사람에게 일반적인 옷장 정리 방법이 맞지 않는 것은 당연하지요. 색색의 사인펜을 매일 사용하는 사람이 있는가 하면, 검정 사인펜을 가끔밖에 사용하지 않는 사람도 있는 법이니까요. 교과서대로 정리한다 해도 자신의 생활 스타일과 맞지 않는다면 제대로 된 정리가 아니지요.

중요한 물건은 사람마다 다릅니다. 버려도 되는 물건인지, 꺼내기 쉬운 곳에 둘 것인지, 소중하게 보관해 두고 싶은지 한 사람 한 사람의 생각과 생활방식이 반영되는 것이 정리입니다. 그러므로 청소는 다른 사람이 해 줄 수 있지만 정리는 어느 누구도 대신해 줄 수 없습니다. 적당히 놔둔(것처럼 보이는) 물건을, 다른 사람이 필요 없는 물건이라고 생각해서 멋대로 내다 버려서 싸움이 나기도 합니다.

정리는 오직 자신만이 판단할 수 있습니다. 그리고 그것을 실천할 수 있게 된다는 것은 아주 기분 좋은 일입니다. 내가 살기 편하도록 정돈하는 것이므로 이렇게 멋진 일은 없지요. 처음부터 집안 구석구석을 완벽하게 정리하겠다는 생각은 버립니다. 손댈 수 있는 곳부터 시작해서 한 번에 완벽하게 하지 말고 일단은 도전해 봅시다.

이제부터 구체적으로 정리하는 순서를 알아봅시다.

실천! 정리와 정돈

step 1 **물건을 모두 꺼내서 내가 갖고 있는 물건의 총량을 안다**

　우선은 갖고 있는 물건과 수납할 장소의 공간을 알아내는 것부터 시작합니다. 정리하고 싶은 장소를 정한 다음, 그 장소에 있는 물건을 일단 모두 꺼냅니다. 단, 꺼내기만 하는 것이 아니라, 대충이라도 분류를 하면서 꺼내면 다음 단계가 약간 쉬워집니다.

　절대로 수납공간 안에서 분류하거나 정리해선 안 됩니다. 반드시 일단 밖으로 꺼냅니다. 물건의 양과 수납공간을 눈으로 똑똑히 확인합니다. 그리고 텅 빈 서랍이나 옷장을 말끔하게 청소합니다.

step 2 분류해서 물건을 줄인다

물건의 분류법도 사람마다 다릅니다. 선호도에 따라 분류하는 사람도 있고, 사용 빈도에 따라 분류하는 사람도 있지요. 여기서는 하나의 예로서, 아래 그림과 같이 네 가지로 분류합니다. A·B는 일상적으로 사용하기 쉬운 위치에 수납하는 것이 좋을 것 같지요. C는 소중하게 보관해 두지만 꺼내기에는 약간 어려운 장소라도 괜찮습니다. 그리고 누구든지 난감해하는 D. 사람은 '버린다'는 행위에 대해 주저하거나 죄책감을 느끼는 존재입니다. 그러므로 D는 다른 사람에게 준다, 재활용함에 넣는다, 중고로 판매한다, 등으로 나누고 남은 물건은 버리기로 합니다.

적당량을 수납한다

수납할 공간을 감안하여 '적당량'을 생각합니다.

물건이 많더라도 그것을 넣을 수 있는 공간이 없다면 정리할 수 없습니다. 꼭꼭 쟁여 두기만 한다면 결국은 '죽은 공간'이 될 뿐이지요. '적당량'이란 책임지고 관리할 수 있는 양을 말합니다. 적당량을 정리해야 앞의 분류에서 남겨 둔 '좋아하는 물건', '사용하는 물건'이 살아나는 것입니다.

수납할 때에 의식적으로 분류를 하면 '물건을 둘 장소'가 정해지고 꺼낸 후에 같은 장소로 돌려놓게 됩니다. 책을 장르별로 나누거나 필기도구를 사용 빈도에 따라 나누는 등, 자신에게 맞는 분류를 해 보세요.

옷장이나 주방 수납

많이 쓰는 물건 꺼내기 쉬운 것은 ①

가끔 쓰는 물건 무거운 물건은 ②

1년에 몇 번 쓰지 않는 물건 가벼운 물건은 ③

책상이라면 맨 윗서랍 앞쪽이 ①

step 4 **계속할 수 있는지 다시 한번 검토한다**

지금까지의 3스텝으로 정리 1단계는 끝입니다. 하지만 의외로 중요한 것이 재검토입니다. 한번은 '이거다' 생각해서 분류하고 수납했지만 사실은 잘 되지 않는 일도 있습니다. 나에게 정말로 맞는지 상황을 살펴봅니다. 사용 빈도에 비해 수납이 번거로운 장소에 두지는 않았는지, 서류를 분류하긴 했지만 사실 대충 쌓아 두어도 신경 쓰이지 않는 사람 등 사람마다 분류법은 제각각입니다. 처음에 했던 방식이 반드시 최선은 아닙니다. 스트레스를 받지 말고 자신이 계속할 수 있는 정리법을 찾아냅니다.

깔끔하게 분류하고 싶어서

액세서리 수납 상자에 넣어 두었지만 결국 꺼내 놓은 채로……

칸이 나뉘어 있지 않은 상자에 나란히 놓아 두는 것이 더 나을 것 같네요!

버리지 못해서
골치 아플 때는

소중한 추억이 깃든 물건, 좋아해서 모은 수집품, 다른 사람에게 받은 선물 등 좀처럼 버릴 수 없는 물건은 누구에게나 있지요. 하지만 그냥 내버려 두기만 하는 상태는 좋지 않습니다. 가까이 두고 잘 보관하고 있나요? 이미 손상되거나 복구가 불가능하거나 상자에 넣어 둔 채 내팽개쳐 두고 있나요? 그런 상태로 갖고 있는 것은 물건도 여러분도 행복하지 않습니다.

직접 만들거나 시간을 들여서 모은 물건은 보관해 둔 채로 있기 마련입니다. 하지만 늘어나면 늘어날수록 관리가 안 되어 손상되기 쉬운 상태가 되기도 합니다. 그렇다면 오히려 가장 좋은 상태일 때, 사진을 찍거나 해서 기록으로 남기는 것이 좋을 것입니다.

보관 기한을 미리 정해 놓는 것도 한 가지 방법입니다. 누군가에게 받은 선물이나 물려받은 물건 등 좋아하지 않는 물건이라 해도 감사와 미안함에 당장 처분해 버리지 못하는 경우가 대부분입니다. '1년 동안 사용하지 않으면 버리자'처럼 미리 마음을 정해 두면 나중에 고민할 일이 적어집니다. 정기적으로 재검토해 봅니다.

버리기 힘든 물건 정리하는 법

선물로 받은 물건

'1년 이상 사용하지 않은 물건을 버린다' 등
으로 기한을 정한 다음, 다른 사람에게 주거
나 재활용 가게에 내놓는 것을 검토한다.

편지나 연하장

사진을 찍거나 스캔하는 등 디지털 데이터
화함으로써 물건 자체를 줄인다.

잡지나 책, 만화책

디지털 데이터화한다. 잡지는 좋아하는 페
이지만 잘라서 남기는 방법도 있다. 보관
스페이스를 정해 두면 양이 한없이 늘지는
않는다.

아이돌 굿즈

장식하는 공간, 보관하는 공간을 명확하게
하고, 채 들어가지 않아서 내팽개쳐 둔 물건
을 다시 체크한다.

일기나 노트

전용 추억상자에 소중하게 보관. 다시 보고
싶어질 때면 꺼내 보기 쉬운 장소에 보관하
는 것도 한 가지 방법이다.

인형 등의 기념품

특별한 날이나 장소에서, 혹은 그냥 기분이
좋아서 샀지만 시간이 지나 물건을 봐도 기
억이 떠오르지 않는다면 과감하게 처분하도
록 하자.

건강한
컬렉터가 되자

좋아하는 물건에 둘러싸여 사는 삶, 아주 멋진 말 같습니다. 만년 필, 그릇, 피규어, 운동화, 모자……. 취미는 사람마다 다르니 다양한 컬렉터가 있을 것입니다. 다만 흥미는 별로 없는데 계속 사들이면서 언제 멈춰야 할지 모르는 사람이나, 물건 자체를 갖고 싶다기보다는 '모두 모았다'는 행위에 만족하고 있는 사람도 있을 것입니다.

물건을 모으면 안 되는 건 아닙니다. 하지만 '건강한 컬렉터'가 되면 좋겠습니다. 모은 물건이 먼지를 뒤집어쓰지 않고 장식되어 있다, 사용할 수 있는 물건이라면 확실하게 사용하고 있다, 처박아 두지 않고 늘 보거나 되풀이해서 읽는다, 등등 자신의 눈과 손이 닿는 곳에서 관리할 수 있는가, 그렇지 않은가가 포인트입니다. 일상생활을 위협하는 상태(옷을 둘 곳이 없어진다든지, 발 디딜 틈도 없다든지)라면 즐거운 컬렉션이라고는 말할 수 없겠지요. 만약 그런 상태인 사람이 있다면 지금까지 설명한 순서대로 정리를 시작해 보면 어떨까요.

장식 공간을 정해 둔다

너무 늘어나지 않도록 장식하는 공간, 보관하는 공간을 정한다. 그곳을 넘어서 생활 공간을 침범하게 되어선 안 된다.

기록(데이터로 남긴다)

막 샀을 때, 가장 좋은 상태의 사진을 찍어서 기록으로 남겨 둔다.

모으는 아이템을 정한다

캐릭터를 좋아하는 경우 등 모으고 싶은 아이템이 한 종류가 아닌 경우, 모으고 싶은 아이템(인형, 열쇠고리, 문구 등)을 좁혀서 그것 이외는 늘리지 않겠다고 결심한다.

하지만 잠깐.
우리 집에
청소기 이외에
청소 도구가 없어.

분명히 있으면 청소가
쉬워질 텐데.

사러 가자.

청소의 심플한
네 가지 순서

세상에는 깨끗한 것을 좋아하고 청소를 좋아하는 사람도 있습니다. 말끔하게 청소가 되지 않으면 차분해지지 않는 유형의 사람이지요. 반대로 '청소해야 하는데……' 하고 의무감에서 무거운 몸을 일으키는 사람도 많습니다. '휴일이니까 청소를 해야 하는데' '다른 사람이 오니까 청소해야지' '아무리 그래도 이젠 청소를 한 번쯤 해 줘야겠다' 등등 다양한 사람이 있겠지만 청소를 잘 못해서 싫어하기 때문인지 '아무렇게나' 청소를 하기 쉽습니다. 그렇게 하면 어떻게 될까요? 물건을 치우면서 청소기를 돌리거나, 청소기나 밀걸레를 밀기 전에 먼지부터 털다 지쳐서 의욕을 잃기도 합니다. 이른바 '귀찮은' 사태에 빠지고 마는 것입니다. 이는 효과적이지도, 효율적이지도 않습니다. 모처럼 마음먹고 청소를 하는데 그렇게 되어서는 안 되지요.

장소나 아이템에 따라 각각 청소하는 방법이 다릅니다. 하지만 청소의 대략적인 흐름은 아주 심플합니다. 이 네 가지 순서를 기억하는 것부터 시작합니다.

① 환기를 시킨다

먼저 이것부터. '지금부터 청소를 하자!' 하는 의욕을 표시하는 일이기도 합니다. 방에 배어 있던 냄새나 습기, 청소 중에 날리는 먼지를 밖으로 내보냅니다. 두 군데 이상의 창을 열면 공기가 훨씬 더 잘 통하게 됩니다.

② 청소할 장소의 쓸데없는 물건을 치운다

읽다가 내버려 두어 방바닥에 뒹굴고 있는 잡지, 외출했다 돌아와서 그대로 놓아 둔 가방 등, 청소에 방해가 되는 방해물이 많으면 '청소'라는 목적을 잃게 됩니다. 정리와 청소는 분리하여 생각하고, 청소(더러움을 없애는 것)에 집중할 수 있도록 쓸데없는 물건은 치워 둡니다. 물건이 없으면 청소가 원활하게 되고, '여기를 깨끗하게 해야겠다'는 목표도 잘 보이게 됩니다.

③ 쓰레기나 먼지를 제거한다

청소기나 밀걸레로 머리카락이나 먼지 같은 커다란 쓰레기를 치웁니다. 우선은 이것이 청소의 첫 번째 단계입니다.

④ 더러움을 없앤다(닦는다)

청소기나 밀걸레로 커다란 쓰레기를 치운 다음에는 세세한 더러움이나 찌든 때를 세제나 걸레, 스펀지 등을 사용하여 닦아서 말끔하게 합니다.

어떤가요? 청소란 생각보다 단순한 작업이지요?

이제 구체적으로 도구·세제, 그리고 청소하는 방법 등을 알아봅시다.

일상의 청소 도구

청소기

한두 명이 사는 집이라면 스틱형이 사용하기 쉬워서 좋지요.

우리 집은 이거예요!

스틱형 청소기
대부분 코드가 없어 이동하기 쉽고 가벼운 마음으로 사용하기 쉽다. 수납 공간을 많이 차지하지 않는다. 반면에 연속 사용 가능한 시간이 정해져 있으며 흡입력은 약간 떨어진다. 먼지 봉투나 모터 등이 일체형이므로 무겁다.

사이클론 청소기
쓰레기가 달라붙어도 흡입력이 떨어지지 않으며 필터가 있어 배출되는 공기도 깨끗하다. 종이팩 교체와 같은 별도의 비용이 들지 않는다. 모인 쓰레기를 버릴 때 먼지가 날리기 쉽고, 먼지 봉투나 필터 등에 세세한 관리가 필요하다.

종이팩 청소기
일반적으로 사이클론식보다 흡입력이 좋으며 쓰레기나 먼지가 종이팩으로 모이므로 처리하기 쉽고 위생적이다. 필터 청소 등 정기적인 관리는 필요 없지만, 종이팩 교체에 비용이 든다는 점과 배출되는 공기의 냄새나 티끌 등이 거슬리기도 한다.

청소기를 돌리는 포인트

① 너무 빨리 움직이지 않는다. 한 번 왕복에 5~6초.
② 팔을 너무 길게 뻗지 않는다. 키의 절반(80㎝ 전후)으로 움직인다.
③ 너무 힘껏 밀지 말고 흡입력을 느끼면서 천천히 밀어도 된다.

밀걸레

핸디형은 책장 위와 같은 높은 곳이나 좁은 곳에도 사용할 수 있다. 마룻바닥용은 가볍게 청소를 하고 싶을 때나 침대 밑 등 먼지가 쌓이기 쉬운 장소에 청소기를 돌리기 전 큰 먼지를 제거할 때 유용하다.

걸레

먼지나 더러움을 닦는 데 사용한다. 물걸레, 마른걸레 두 가지로 사용하므로 몇 장을 준비해 두면 청소를 하다가 빨아야 하는 수고가 덜어져 편리하다.

와아—
마룻바닥을 쓱쓱

접착식 롤러는 카펫이나 러그 등에 쌓인 먼지를 제거할 때 편리하다.

스펀지

브러시

제대로 청소를 하려면 고무장갑을 끼는 것이 좋다. 손이 거칠어지는 것을 막아 준다.

더러움의 정도에 따라 부드러운 것~거친 것을 준비한다. 멜라민 스펀지는 물만 묻혀서 닦아도 더러움을 제거할 수 있는 장점이 있다. 적당한 크기로 잘라서 사용할 수 있으므로 편리하다.

욕조나 화장실 등의 장소에 적합한 브러시를 분리해서 사용한다. 창틀 등 좁은 곳의 더러움을 닦아내는 브러시는 손잡이가 긴 것이 좋다.

청소는 화학!
산성 vs 알칼리성

　청소로 제거하고 싶은 오염은 크게 산성과 알칼리성으로 나눌 수 있습니다. 그리고 그 오염에 적합한 세제를 선택하는 것이 오염을 제거하기 위한 최고의 지름길입니다. 마트 등에서 팔고 있는 가정용 세제의 뒷면을 읽어 봅시다. 반드시 '액성(液性)'이라는 난이 있어서 산성, 약산성, 중성, 약알칼리성, 알칼리성 중 어떤 것이라는 표시가 되어 있습니다. '학교에서 배운 것도 같은데 기억이 가물가물⋯⋯' 하는 사람이 많을 것입니다. 하지만 여기서 기억해 둘 것은 딱 한 가지입니다. 산성인 오염에는 알칼리성 세제, 알칼리성 오염에는 산성 세제⋯⋯ 등과 같이, 오염과 반대 성질의 세제를 사용함으로써, 중화시켜서 오염을 제거할 수 있다는 점입니다.

　산성 때란 단백질을 함유한 피지나 기름때입니다. 손때나 음식물 흘린 것 등이지요. 알칼리성 때란 물때나 비누 때, 소변에 의한 오염 등입니다. 어떤 때 어떤 세제를 사용하면 될지 대충 감이 잡히지요?

　여기서 집에 있는 세제의 액성을 확인하고 '어라?' 하고 생각하는 사람도 있을 것입니다. 주방용 세제나 욕실용 세제에서 많이 볼 수 있는 '중성 세제'의 존재입니다. 식기나 욕조는 직접 사람의 피부에 닿는 것이므로 안전성을 우선해서 자극이 적은 '중성'으로 만들어져 있습니다. 세제 자체의 사용 빈도도 높으므로 함부로 사용하거나 세척할 물건 자체가 손상되지 않도록 하는 점도 고려되었을 것입니다.

하지만 산성도 알칼리성도 아니라면 더러움을 제거하는 힘이 약할까요? 어느 정도는 그렇습니다. 더러움에 대해 직접적으로 작용하는 액성이 아니라는 것은 사실입니다. 하지만 시판되는 가정용 세제는 대부분 그런 약점을 커버하기 위해서 계면활성제라는 성분을 첨가하여 세정력을 보완하고 있습니다. 계면활성제에는 기름과 물이 섞이는 '유화작용'이 있으며, 이것에 의해 기름을 뜨게 해서 물에 씻겨나가기 쉽게 하고 있습니다.

이런 합성 세제와 반대로 자연 소재를 세제로 만들어 사용하는 청소를 '내추럴 클리닝'이라고 합니다. 사람이나 반려동물에 해가 적고 친환경적인 것이 커다란 장점입니다. 약알칼리성인 탄산수소나트륨이나 산성인 구연산 등이 있으며, 가루를 물에 녹여서 사용합니다. 산성·알칼리성의 비율을 나타내는 pH(페하)에 따라 오염에 적합한 것을 고른다는 점에서는 합성 세제와 같습니다. 더러움 제거는 합성 세제에 비하면 강력하지 않지만, 거품이 나지 않고 물에 씻어낼 때 많은 양의 물이 필요 없다는 점도 선호되는 이유 가운데 하나입니다.

청소에 사용하는 세제

세제는 크게 알칼리성, 중성, 산성으로 나눌 수 있어요.

더러움에 따라 구분해 써야 하는구나.

중성 세제

욕실용 세제나 식기용 세제 등

손의 건조를 예방하거나 청소하는 대상 자체가 손상되지 않도록 자극이 적게 만들어져 있어서 가벼운 오염에 적합합니다. 찌든 때나 잘 지워지지 않는 때는 오염 정도에 따라 산성 또는 알칼리성 세제를 사용할 수도 있습니다.

사람의 피부에 닿는 물건을 씻는다는 점에서나, 사용 빈도에서 손이 거칠어지는 것을 방지한다는 점에 입각해서 식기용이나 욕실에는 중성 세제도 많이 판매되고 있습니다.

산성 세제

산성 세제가 적당한 경우는 물때나 비누 때, 소변의 오염 등 알칼리성 오염으로, 변기나 욕조의 찌든 때를 벗겨낼 때 사용하는 약간 강한 세제입니다. 세척하는 대상을 손상시키지 않는지 잘 확인해야 합니다. 염소계 표백제와 함께 사용하면 염산 가스가 발생하여 위험하므로 주의해야 합니다.

산성인 자연 소재

구연산

pH는 2~3 정도입니다.

화장실용 세제

변기의 찌든 때에 사용합니다. 세제를 묻힌 다음, 잠시 그대로 두면 때가 불어서 벗겨내기 쉬워집니다.

주거용 세제

욕실이나 세면대의 찌든 물때나 배수관 세정 등.

기름때 제거용 세제

주방의 가스레인지나 환풍기 등의 찌든 기름때를 닦을 때.

알칼리성 세제

피지나 기름때 등 산성 오염에 적합합니다. 손때, 음식물 흘린 것 등, 오염물은 대부분 산성이지만 일상적인 것들은 앞서 소개한 중성 세제로 충분히 지워집니다. 중성 세제로 지워지지 않을 때는 알칼리성 세제를 써 보세요.

탄산수소나트륨보다 세스퀴탄산나트륨이, 그리고 탄산나트륨이 세정력이 높아서 기름, 피지 때에 적합하다. 물에 잘 녹으므로 스프레이로 만들어 뿌릴 수 있다.

물에 잘 녹지 않는 성질이므로 더러움을 비벼서 제거하는 것이 좋다. 또한, 냄새나 습기를 제거하는 데에도 유용하다.

알칼리성인 자연 소재

pH(페하)의 수치의 차이도 고를 때의 포인트가 됩니다. 탄산수소나트륨은 pH 8.4 정도, 세스퀴탄산나트륨(sodium sesquicarbonate)은 pH 9.8 정도이며, 둘 다 약알칼리성입니다. 탄산나트륨은 pH 11.2 정도로 알칼리성입니다.

표백제란?

찻물이 밴 찻잔이나 변색된 도마 등은 주방용 산소계 표백제에 담가 둡니다. 냉장고 청소에도 사용할 수 있습니다. 화장실 휴지에 산소계 표백제를 묻혀서 변기의 더러운 곳에 붙여서 잠시 그대로 두었다가 화장실 브러시로 닦으면 말끔해집니다. 청소를 할 때마다 사용하는 것은 아니지만 제대로 잘 사용하면 좋습니다.

깨끗해졌네ㅡ.

실천!
청소의 기본 노하우

거실·침실

먼저 장식장이나 수납장, 책장 등 높은 곳부터 낮은 곳 순서로 먼지를 핸디몹(handy mop)으로 제거하고 물걸레질을 할 수 있는 곳은 반드시 걸레질을 합니다.

매일 손을 대는 전기 스위치 주변은 손때가 묻어 더러우므로 잊지 말고 청소를 해 줍니다.

끈이 달린 조명기구의 갓은 먼지가 쌓이기 쉬운 장소입니다. 주거용 세제를 사용하여 물걸레질을 합니다. 갓을 벗겨내서 통째로 씻는

장식장

핸디몹은 편리!

책장

텔레비전이나 컴퓨터 모니터

것도 좋습니다. 바닥 청소를 하기 전에 끝내는 것이 더 좋습니다.

마룻바닥에는 머리카락이나 먼지 등 눈에 띄는 쓰레기 이외에도 손때나 피지, 오염물 등이 묻어 있습니다. 부엌이나 세면대, 화장실 등 그 밖의 공간의 오염을 밟아서 옮겨 놓고 있을 가능성도 있으며, 부엌과 이어져 있는 구조라면 조리중의 기름이 연기가 되어 거실에 들러붙어 있기도 합니다.

마룻바닥은 청소기로 먼지 등을 제거하고 물걸레질을 하여 말끔하게 하는 것이 기본입니다. 반드시 환기를 하고 청소기를 돌립니다. 방 구석구석까지 꼼꼼하게 청소기를 돌려서 먼지나 쓰레기가 남지 않도록 합니다. 그리고 주거용 세제를 푼 물에 담근 걸레를 꽉 짜서 닦고 마른걸레질로 마무리합니다. 두 번 닦을 필요가 없는 세제도 있으므로 사용 방법을 꼼꼼히 체크합니다.

빨 수 없는 카펫의 냄새가 거슬릴 때는 탄산수소나트륨이지요.

위잉―

탄산수소나트륨을 카펫에 가볍게 뿌리고 2시간 정도 그대로 둔다.

청소기로 빨아들인다. 양이 많으면 청소기가 막히므로 소량을 골고루 잘 뿌릴 것.

창

얼핏 보기에는 먼지로 더러워진 것처럼 보이는 유리창.

사실은 창문의 때에는 배기가스 등의 유분이 포함되어 있으므로 세제와 충분한 물로 말끔하게 씻어내는 것이 최고입니다.

밀걸레에 세제 액을 묻혀서 창의 아래쪽부터 위쪽으로 움직여서 유리창에 세제 액을 바릅니다. 세제 액이 묻은 유리창을 스펀지로 닦아서 더러움을 제거하고 물을 충분히 머금은 걸레로 다시 닦아내서 더러움을 제거합니다. 이때 세제액과 더러움이 남지 않도록 합니다.

스퀴지(squeegee, 창문을 닦는 고무 롤러)로 물기를 없애고 마른걸레질로 마무리합니다. 창을 청소할 때는 반드시 커튼도 세탁합니다.

밀걸레에 세제 액을 묻히고(아래에서 위쪽으로 움직인다), 스펀지로 닦아서 더러움을 제거한다.

가볍게 짠 걸레로 닦은 다음 스퀴즈로 물기를 없애고 젖은 걸레질, 마른걸레질로 마무리한다.

화장실

변기 청소는 물론, 지나치기 쉬운 바닥이나 소변이 튄 것이나 옷을 갈아입으면서 떨어진 먼지, 화장실 휴지에서 나온 먼지 등이 쌓여서 좋지 않은 냄새를 흡착합니다. 화장실 바닥은 타일로 마감되어 있는 경우가 많으며, 표면의 요철에 때가 끼기 쉽습니다. 그대로 두면 바닥 전체가 곰팡이가 끼게 됩니다.

화장실은 평소의 관리가 가장 효력을 발휘하는 장소라고 해도 지나친 말이 아닙니다. 묵은 때가 끼지 않도록 세심하게 청소합니다.

○ **환풍기, 수도관**
천장의 환풍기에는 의외로 먼지가 많이 붙어 있다. 수도관의 먼지도 잊지 말 것.

○ **변좌**
변좌는 소변 등이 묻기 쉬운 곳이므로 세심한 청소가 필수. 위아래 모두 꼼꼼하게 닦는다.

○ **물탱크**
물탱크에 물 내리는 손잡이가 붙어 있으면 먼지뿐만 아니라 손때나 클로르칼크(표백분)가 묻는다. 잊지 말고 청소하자.

○ **변좌 뒷면**
평소에 화장실 브러시로 하는 청소는 물론, 좀처럼 청소를 하지 않는 구석구석까지 고무장갑을 끼고 멜라민 스펀지로 닦는 등, 때때로 꼭 닦아 준다.

○ **바닥**
싹싹 닦아서 말끔하게 유지할 것. 바닥 사이사이에 낀 때는 브러시나 멜라민 스펀지를 사용하여 닦는다.

욕실

욕조는 흠집이 생기지 않도록 밀걸레나 스펀지로, 바닥은 접합부를 따라서 더러움을 닦아내듯이 브러시로 청소하는 것이 좋습니다.

욕실에는 산성인 피지 때나 알칼리성인 물때, 비누 때가 섞여 있습니다. 시판되는 욕실용 합성 세제는 중성인 것도 많으므로 찌든 때는 지우기 힘든 경우도 있습니다.

그럴 때는 각각의 때를 제거하는 데 적합한 액성의 세제를 개별적으로 사용해 보면 됩니다.

수챗구멍이나 거울에 생기는 하얀 비늘 모양의 때는 물의 미네랄 성분이 말라붙은 것이며, 이것이 물때입니다. 그대로 두면 지우기 힘든 때가 됩니다. 그러니 청소 후 물방울이 남지 않도록 하는 것이 중요합니다.

곰팡이 대책의
포인트는 습기예요.

곰팡이 대책의 포인트는 습기!

20~30℃는 곰팡이가 피기 쉬운 온도. 벽이나 바닥에 찬물을 끼얹어 온도를 낮춘다. 하는 김에 벽이나 바닥의 머리카락도 씻어서 흘려 보낼 것.

**사용 후에는 욕실 창문이나
문을 열어 둔다.**

찬물로 온도를 낮춘 다음에는 환풍기를 틀고 창문이나 문은 열어서 바깥 공기가 들어오게 해서 습기를 없앤다.

주방

식사의 뒷정리가 끝난 뒤에는 싱크대를 청소할 시간입니다. 스펀지를 준비하여 주방용 세제로 닦습니다. 미끈거리는 점액이나 세균이 발생하기 쉬우므로 배수구의 거름망 등도 잊지 말고 닦습니다. 다 닦은 다음에는 싱크대를 마른 걸레로 닦아서 물기를 없애야 합니다. 이렇게 하면 점액이나 물때가 끼는 것을 방지할 수 있습니다.

가스레인지 주변의 기름때를 그대로 두면 잘 지워지지 않는 때가 됩니다. 사용한 날 바로바로 에탄올을 뿌려서 살짝 닦아 줍니다. 삼발이에 눌어붙은 찌꺼기 따위가 묻었다면 세제를 푼 물에 담가서 불린 다음 닦아내면 잘 떨어집니다.

앞 유리에 더러움이 묻어 있을 때는

실리콘 주걱 등으로 긁어서 떼어내세요.

전자레인지는 탄산나트륨으로

작은 접시에 물과 탄산나트륨을 넣고 몇 분 동안 데워서 내부에 증기가 가득 차기를 기다린다.

화상을 입지 않도록 주의하여 작은 접시를 꺼내고, 탄산나트륨을 탄 물을 묻힌 걸레로 내부를 닦는다.

앞 유리에 탄산나트륨을 탄 물을 묻혀서 닦는다. 더러움을 제거한 다음, 젖은 걸레와 마른 걸레로 마무리한다.

쾌적한 생활을
해 보아요

말끔하게 정리 정돈과 청소를 하고, 쾌적한 공간을 만든다. 이렇게 말하면 아주 어려운 일인 것 같은 생각이 들지도 모르겠습니다. '난 잘 못하는데' 또는 '대충대충 해치우는 스타일인 나하고는 안 맞아' 등으로 생각하는 사람도 있을 것입니다. 어머니에게 요리를 배우거나 할머니에게 뜨개질을 배우기는 했어도 부모님으로부터 정리나 청소하는 방법을 배웠다는 사람은 의외로 별로 없으며, 실제로 어른, 아이 할 것 없이 잘 못하는 사람이 많은 분야이기도 합니다. '그럭저럭' 해치우고, 시간과 노력을 들여서 고생한 것 치고는 별로 성과가 눈에 띄지 않으며, 헛수고를 했다는 생각이 들기도 하고 청소를 참 못한다는 생각이 드는 경우도 많습니다.

하지만 그것은 잘 못하는 것도, 소질이 없는 것도 아니며, 단지 청소하는 방법을 모를 뿐입니다. 정리나 청소에도 알아 두면 좋은 기초가 있습니다.

이 장에서는 그것을 배웠습니다. 이제 최소한의 지식을 익혔으니 무리하거나 헛수고를 하지 않아도 됩니다.

정리나 청소의 노하우는 내 마음대로가 아니라 제대로 배워서 익히는 것임을 알게 되었다면 그것으로 충분합니다.

　그리고 무엇보다도, 정리와 청소를 한 방은 말끔해서 쾌적한 공간이 된다는 것을 체험해 보기 바랍니다. 정확한 지식도 의욕도 중요하지만 최고의 동기 부여는 '기분이 좋아! 청소하길 잘했어'라는 생각입니다. 엉망으로 더러워진 방을 대충 원래 상태로 돌린다 같은 마이너스를 제로에 가깝게 하는 작업이 아니라, 원래 상태 이상으로 쾌적한 공간으로 만든다는 플러스로 하는 것이 즐거워질 것입니다. 내가 쾌적함을 느끼는 공간을 만들 수 있게 되면 '뭐, 어때' 하는 생각이 들지 않게 됩니다. 틀림없이 방뿐만 아니라 마음까지 상쾌해지고 말끔해질 것입니다.

재봉 수업

감수 **구라이 무키**(바느질 교실 운영·디자이너)

예를 들어
치마 밑단이 틀어졌을 때
스웨터에 구멍이 났을 때
간단히 수선할 수 있고

내가 좋아하는 단추로
바꿔 달아 보거나
자수를 놓아 보거나

좋아하는 천을 사서
치마나 원피스 같은 걸
만들어 보거나
할 수 있으면 좋을 텐데.

먼저 실과
바늘을 갖추자

학교의 가정 시간에 '재봉 도구'로 어떤 것이 필요하다고 배웠나요? 손바느질용 실과 바늘, 시침실, 골무, 시침핀, 천을 자르는 재단 가위, 실 끊는 가위, 표시를 하기 위한 초크나 고무줄 끼우개 등, 전용 도구가 많지요. 이런 것들이 다 필요하다면 요즘 젊은이들이 재봉을 하고 싶어 하지 않게 된 것도 당연한 것 같습니다.

저는 손바느질을 할 때 골무는 사용하지 않습니다. 시침핀은 의외로 불안정하므로 문구점에서 파는 작은 클립을 더 즐겨 씁니다. 가위는 다용도 가위를 사용하며, 천이나 실, 옷본도 그 가위로 자릅니다. 초크 대신 지울 수 있는 사인펜을 쓰고, 고무줄을 끼울 때는 안전핀을 씁니다. 시침실은 사용하지 않고 옷감용 펜 타입의 풀이나 마스킹 테이프를 사용하고 있습니다.

어떤가요? 이런 것들이라면 모두 집에 있다는 사람도 많을 것입니다. 편리한 도구가 많이 나와 있으므로 전용 도구를 갖추지 않아도 가벼운 마음으로 재봉을 시작할 수 있습니다(심지어 이들 도구는 정말 사용하기가 편합니다).

평소에 재봉을 하지 않는 사람이 보기에는 바늘과 실로 꿰매는 일은 약간 아날로그이며, 심지어 전문적인 일같이 생각될지도 모르지만, 재봉의 문턱은 옛날보다 정말 많이 낮아졌습니다. 집에 바늘과 실이 없는 사람은 일단 가까운 잡화점에 가 봅시다. 처음에 쓸 도구를 사는 것은 수예점이 아니어도 상관없습니다. 처음에는 가까운 곳에서 저렴한 것들을 구입하는 것이 좋습니다. 재봉이 익숙해진 다음에, '이런 도구가 있으면 좋겠다', '이런 색이 있었으면 좋겠다' 하는 욕심이 생길 때 수예점에 갑니다. 재료나 도구, 편리한 아이템 등이 많이 있으며 취향대로 고르는 재미가 있습니다. 흥미가 생기면 꼭 한번 가 보세요. 하지만 여기서는 바늘과 실을 집에 두고, 만약의 경우가 생겼을 때 자신의 옷을 수선하는 것부터 시작합니다.

다음 페이지부터 손바느질의 기본을 배워 봅니다. 자신이나 가족의 옷을 수선하는 데 필요한 것들을 알아 두어서 손해 볼 일은 없겠지요. 손바느질의 장점은 장소를 가리지 않고 작업을 할 수 있고, 부분적인 수선도 가능하다는 점입니다.

단이 뜯어진 스커트, 어딘가에 걸려서 올이 빠진 니트, 단추가 떨어진 셔츠. 그대로 다닌다면 칠칠치 못한 사람으로 보이고 기분도 찝찝합니다. 내 손으로 할 수 있는 것을 해내는 것만으로 옷도 훨씬 오래, 기분 좋게 입을 수 있습니다.

손바느질의 기본

실과 바늘

두꺼운 천에는 굵은 바늘, 얇은 천에는 가느다란 바늘을 사용. 바늘귀의 크기도 다르므로 체크해요.

면이나 견 등 소재는 여러 가지가 있지만, 폴리에스테르 실이 질기고 사용하기 쉬워요.

자, 질문이 있나요?

재봉틀용 실을 손바느질에 써도 될까요?

사용할 수도 있지만 '꼬임'의 방향이 반대이므로 오른손잡이인 사람은 꼬이기 쉬울 수도 있어요

왼 꼬임　오른 꼬임

실을 꿸 때의 포인트

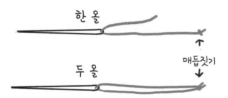

한 올

두 올

매듭짓기

실의 끝을 비스듬히 잘라서 바늘귀에 똑바로 통과시키듯이 하면 꿰기 쉽다.

대부분 한 올. 단추를 달 때는 두 올로 한다.

첫 매듭을 짓는 방법

검지에 실을 걸고 한 번 돌려 잡는다.

엄지를 사용하여 검지에서 빼내고, 중지와 엄지로 누르면서 실을 당긴다.

실이 빠져나가지 않도록 단단히 묶는다.

기본 바느질법

홈질

첫 매듭

걸레 만들기나 시침질 등에 사용되는 기본적인 바느질. 맨 처음과 맨 끝의 한 땀은 뒤집어서 한 번 더 바느질함으로써 튼튼하게 한다.

공그르기

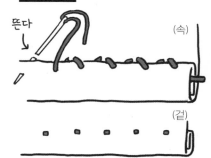

뜬다

(속)

(겉)

바지나 치마의 밑단 부분에 사용한다. 밖으로 나오는 부분을 아주 작게 뜨므로 눈에 띄지 않는다.

박음질

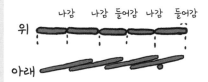

나감 나감 들어감 나감 들어감

위

아래

땀과 땀 사이가 뜨지 않으므로 재봉틀과 같은 땀이 되며, 아주 튼튼하다.

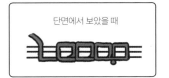

단면에서 보았을 때

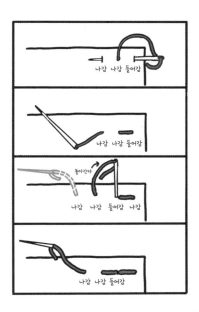

나감 나감 들어감

나감 나감 들어감

돌아간다
나감 나감 들어감 나감

나감 나감 들어감

반박음질

겉

속

박음질보다 부드럽게 마무리되므로 신축
성이 있는 운동복이나 저지, 티셔츠 등에
적합하다

단면에서 보았을 때

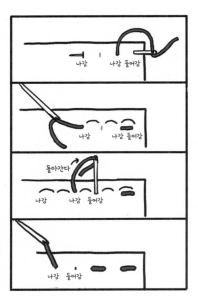

나감   나감 들어감

나감   나감 들어감

돌아간다

나감   나감 들어감

나감   들어감

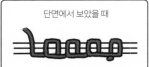

절반만 박으니까
반박음질

마지막 매듭을 짓는 방법

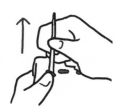

맨 마지막 땀에 바늘
을 넣고 실을 세 번
돌린 다음 엄지로 누
르면서 바늘을 뺀다.
땀에서 0.2cm 정도
남기고 실을 자른다.

예—에

손으로 바늘을 잡고
무릎 아래 15cm 정도

앗,
엉켰다……

실을 너무 길게 하면
엉키기 쉬워지므로
대개 50cm 정도를
기준으로 해요.

바느질 할 때의 주의점

손바느질을 하다 보면 나도 모르게 손에 힘이 들어가서 실이 강하게 당겨져서 천에 오글오글하게 주름이 잡히는 일이 많습니다. 이렇게 천이 오글오글해지면 바느질이 끝난 뒤에는 바로잡기 어려우므로 15~20센티미터 정도 바느질을 한 다음, 천을 잡아 톡톡 당겨서 펴 줍니다.

엄지와 검지로 주름이 잡힌 천을 잡고 바느질을 시작한 쪽부터 조금씩 톡톡 잡아당겨서 천에 잡힌 주름을 펴 줍니다. 한 번에 안 될 때는 부드럽게 두세 번 반복합니다. 바느질을 다 한 다음에도 매듭을 짓기 전에 천을 당겨 줍니다. 이렇게 하면 바느질을 다 했을 때 천이 쭈글쭈글해지지 않으며 깔끔하게 마무리가 됩니다.

다음 페이지부터 옷 수선 방법을 배워 봅니다. 일상생활에 자주 있는 '곤란한' 상황의 해결책입니다.

옷 수선해 보기

바지나 치마의 단이
뜯어졌다면 공그르기

고무줄이
헐거워졌다면 교환!

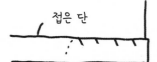

접은 단

1. 뜯어진 원래의 실 끝을 짧게 잘라 접은 단 속으로 넣어서 걸리지 않도록 한다.

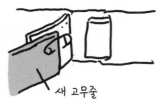

새 고무줄

1. 오래된 고무줄을 꺼내서 자른다. 한쪽 끝에 새로운 고무줄을 안전핀으로 고정시킨다.

2. 뜯어진 곳의 2~3cm 지점부터 공그르기를 한다.

2. 오래된 고무줄을 반대쪽부터 잡아당긴다. 새 고무줄이 안으로 들어간다.

첫 매듭

3. 마지막은 뜯어지지 않은 부분과 2~3cm 겹쳐서 매듭을 짓는다.

3. 새 고무줄의 양쪽 끝을 2cm 정도 겹쳐서 바느질한다.

단추를 달 때의 포인트는
단추를 다는 쪽의 천의
두께와 같은 정도의
실기둥을 만들어 주는 거예요.

단추는 떨어지면
바로 달아 준다!

내가
달면……
안 잠겨요!

딱 맞게 NG 실기둥

끙끙

1. 단추를 달 위치의 천을 떠서 실 끝의 구멍에 바늘을 통과해서 당긴다.

2. 단추에 실을 통과시키고, 단추를 달 위치의 천을 떠서 당긴다.

여기를
천과 같은
두께로

3. 단추를 끌어올려서 간격을 만들고, 2~3회 실을 돌린다.

4. 단추 주위에 실의 바퀴를 만들고 바늘을 넣어서 당긴다.

5. 실기둥을 통과시켜 매듭을 짓고, 다시 한번 실기둥을 통과시킨 다음 실을 자른다.

실을 눈에 띄는
색으로 해도 귀엽다

구멍이 4개짜리인
단추는 일자, 또는
교차시켜서 달아 준다.

니트에 구멍이 났다면

1. 안쪽에서 구멍 주변의 0.2~0.3cm 지점을 홈질로 바느질한다.

2. 첫 매듭에 바늘을 통과시키고 실을 천천히 당겨서 구멍을 오므려서 막는다.

3. 구멍이 난 풀린 부분을 촘촘하게 여러 번 감침질한다.

안주머니에 구멍이 났다면

1. 주머니의 구멍이 난 부분을 접는다.

2. 접은 부분을 한 번 반박음질한다.

니트 원단이 당겨지지 않도록 주의해서

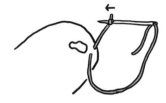

4. 구멍보다 0.5cm 앞까지 감침질을 한 다음 매듭을 짓는다.

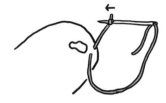

양말에 구멍이 났다면

1. 양말 안쪽을 뒤집어서 구멍보다 약간 앞쪽을 감치고, 매듭에 바늘을 통과시 켜서 실을 당긴다.

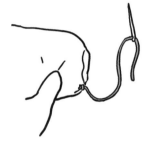

2. 구멍이 끝으로 오도록 접어서 세로로 잡는다.

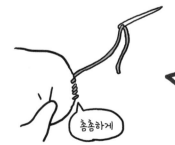

촘촘하게

3. 감침질을 한다.

천을 많이 잡으면 신었을 때 걸리적거리므로 구멍에서 0.2cm 정도 바깥쪽을 촘촘히 바느질해요.

감침질이란?

두 장의 천을 겉끼 리 맞대고 그 끝을 소용돌이치듯이 바 느질한다. 언제나 같은 방향으로 바 늘을 찔러 넣는다.

일본 전통 자수에 대해

에도시대에 천(특히 목면)은 아주 귀중한 것이었으며 서민은 주로 올이 성긴 마포로 된 옷을 입었다고 합니다. 혹독한 추위가 닥치는 도호쿠(東北) 지방의 농촌이나 어촌에서는 그 마포를 가능한 튼튼하게, 그리고 따뜻하게 오래오래 입을 수 있도록 목면실을 촘촘하게 바느질함으로써 천을 보강하고 보온성을 높였다고 합니다. 장인의 기술로서가 아니라 서민의 삶의 지혜에서 태어난 것이 일본의 전통적인 '자수'입니다.

자수는 각 지방에서 태어나 대대로 계승되어 왔으므로 지역적 특색이 짙게 남아 있습니다. 아오모리(青森)·쓰가루(津軽) 지방의 '고긴 자수(こぎん刺し)', 아오모리·남부 지방의 '히시 자수(菱刺)', 야마가타(山形)·쇼나이(庄内) 지방의 '쇼나이 자수(庄内刺し)'는 일본의 3대 자수로 불리고 있습니다.

실용적이며 '비늘', '귀갑', '칠보' 등 일본의 전통 문양이나 지방 특유의 문양 등, 다양한 문양이 만들어져 장식으로도 멋집니다. 옷감의 결을 헤아려 바느질을 하고 아름다운 기하학적인 문양을 표현합니다. 단순한 장식이 아니라 부적이나 풍작 기원 등의 소원을 작업복이나 두건, 보자기, 손수건, 행주 따위의 소품에도 문양으로 수를 놓습니다. 지역에 따라서는 신부 수업의 하나로 여성들이 솜씨를 갈

고닦았다고도 합니다.

여러 번 수선하여 많이 입은 다음 버려 버리는 평상복이었던 점, 학교 등에서 배운 것이 아니라는 점에서 현존하여 자료가 적기 때문에 기법이나 문양, 역사 등 자세한 것은 알 수 없다고 합니다.

메이지시대에 튼튼하고 따뜻한 천을 쉽게 구할 수 있게 되자 자수는 점점 사라지게 되었지만, 쇼와시대 초기에 민예(民藝)로 재평가되어 오늘날에는 수예의 한 분야로 취미 삼아 즐기는 사람이 늘고 있습니다.

ⓐ 쇼나이 자수를 하고 있는 모습
ⓑ 고긴 자수가 놓인 소품
ⓒ 히시 자수 샘플

photo by 도호쿠 STANDARD【ⓐ ⓑ】
히시 자수 제작·구라시게 히로미(倉茂洋美)【ⓒ】

손바느질로 도전하는
간단 고무줄 스커트 & 고무줄 바지

고무줄 스커트
(길이 60cm)

재료
천 : 폭 110cm×140cm
고무줄 : 폭 3cm×허리 치수분

완성된 그림

고무줄 스커트 옷본

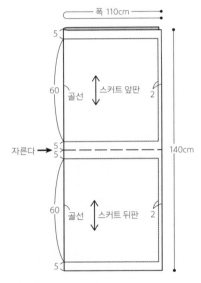

폭 110cm

5

60   골선   스커트 앞판   2

자른다 → 5
5   140cm

60   골선   스커트 뒤판   2

5

손바느질로
완성할 수
있다고요?

직선으로 잘라서
직선으로
바느질하기만
하면 되니까
간단해요

---

* 이 책의 고무줄 스커트, 고무줄 바지 (204~209쪽)는 안감을 사용하지 않고 간단히 만들 수 있는 방법을 소개하고 있습니다.
천의 종류에 따라서는 자른 끝의 올이 풀리기 쉬운 것도 있지만, 그런 천을 처리하는 방법은 생략했습니다.
우선 이벤트용이나 집에서 입는 옷으로 만들면서 즐겨 보세요.

도판 : 웨이드

준비
- 위 그림을 참고하여 천을 절반으로 접어서 솔기선과 재단선을 긋습니다.
- 빨래집게나 클립을 사용하여 천을 고정시켜 움직이지 않게 한 다음, 자로 긋습니다. 지우면 지워지는 펜이나 물로 지워지는 펜 등을 사용하는 것이 좋습니다.
- 재단선에서 똑바로 자릅니다.
- 실은 천 색깔과 비슷한 것을 준비합니다.
- 천은 뒤집어서 바느질합니다.

고무줄 스커트 만드는 법

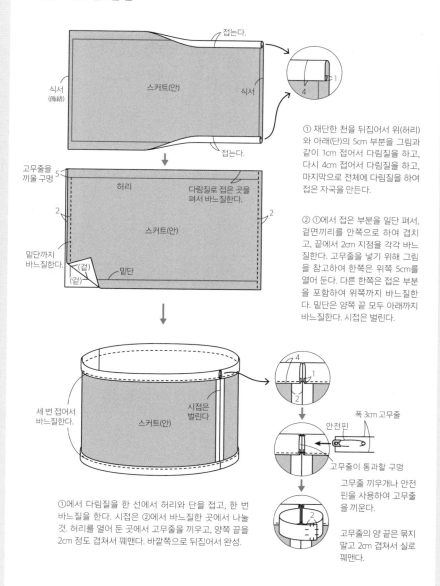

스커트(안)

식서
(飾緒)

식서

접는다.

접는다.

4

1

고무줄을
끼울 구멍 5

허리

2

다림질로 접은 곳을
펴서 바느질한다.

2

스커트(안)

밑단까지
바느질한다.

(겉)

(겉)

밑단

① 재단한 천을 뒤집어서 위(허리)
와 아래(단)의 5cm 부분을 그림과
같이 1cm 접어서 다림질을 하고,
다시 4cm 접어서 다림질을 하고,
마지막으로 전체에 다림질을 하여
접은 자국을 만든다.

② ①에서 접은 부분을 일단 펴서,
겉면끼리를 안쪽으로 하여 겹치
고, 끝에서 2cm 지점을 각각 바느
질한다. 고무줄을 넣기 위해 그림
을 참고하여 한쪽은 위쪽 5cm를
열어 둔다. 다른 한쪽은 접은 부분
을 포함하여 위쪽까지 바느질한
다. 밑단은 양쪽 끝 모두 아래까지
바느질한다. 시접은 벌린다.

세 번 접어서
바느질한다.

스커트(안)

시접은
벌린다

4

1

2

폭 3cm 고무줄

안전핀

고무줄이 통과할 구멍

2

①에서 다림질을 한 선에서 허리와 단을 접고, 한 번
바느질을 한다. 시접은 ②에서 바느질한 곳에서 나눌
것. 허리를 열어 둔 곳에서 고무줄을 끼우고, 양쪽 끝을
2cm 정도 겹쳐서 꿰맨다. 바깥쪽으로 뒤집어서 완성.

고무줄 끼우개나 안전
핀을 사용하여 고무줄
을 끼운다.

고무줄의 양 끝은 묶지
말고 2cm 겹쳐서 실로
꿰맨다.

고무줄 바지
(무릎 길이)

고무줄 바지의 옷본

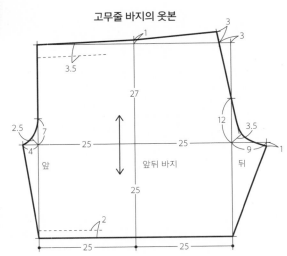

옷본을 만든다.

모눈종이 등을 준비하면 직각
이나 직선이 비뚤어지지 않고
정확하게 만들 수 있습니다.

① 한가운데의 세로선(27cm + 25cm)을 긋는다.
② 직각으로 교차하는 선(25cm + 25cm)을 긋는다.
③ 아래(단)의 가로선(25cm + 25cm)을 긋는다. 마찬
가지로 위에도 직각으로 교차하는 선을 그어 둔다
(나중에 표시로 사용한다).
④ ②의 선에 앞 4cm, 뒤 9cm를 더한 위치에 표시를
한다.
⑤ ④의 표시에서 ③의 밑단 선으로 직선을 긋는다.
⑥ ④의 4cm 지점에서 직각으로 7cm 위에 표시를
하고, 위 그림을 참조하여 곡선의 위치(직각에서
2.5cm)를 잡으면서 곡선을 그린다.

⑦ 마찬가지로 ④의 9cm 지점도, 위 그림을 참조하
면서 12cm, 1cm, 3.5cm 지점에 표시하고 곡선을 그
린다.
⑧ ④에서 표시한 7cm의 표시와 ⑥에서 표시한
9cm 표시에서 위를 향해서 직선을 긋는다.
⑨ 위의 가로선에서 1cm와 3cm의 표시를 하고, 각
각을 직선으로 연결한다.
⑩ 밑단의 2cm와 허리의 3.5cm(시접분)에 표시를
해둔다. 천의 결대로 화살표를 위 그림대로 그려
둔다.

완성된 그림

재료
천 : 폭 110cm×140cm
고무줄 : 폭 3cm×허리 치수분

고무줄 바지 옷본

※ △는 시접 치수입니다(cm)

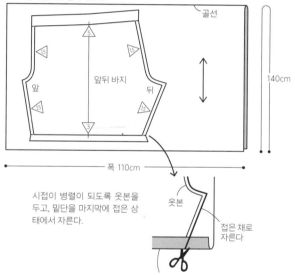

골선

5

15   15

앞   앞뒤 바지   뒤

15   15

3

140cm

폭 110cm

시접이 병렬이 되도록 옷본을
두고, 밑단을 마지막에 접은 상
태에서 자른다.

옷본

접은 채로
자른다

밑단을 마지막에 접는다

준비
- 천을 위 그림을 참고하여 절반으로 접고, 옷본을 얹고 바
  깥쪽을 덧그립니다. 이때, 옷본의 화살표와 옷감의 결(화
  살표)이 일치하도록 합니다.
- 옷본을 떼어내고 위 그림을 참조하여 시접을 다시 제대
  로 그립니다. △ 안의 숫자가 시접 치수입니다. 자로 몇
  군데 표시를 하고 그것을 자로 잇습니다. 각진 부분은 그
  림을 잘 보고 흉내 내세요.
- 솔기선을 더한 선(바깥쪽 선)에서 천을 바느질합니다.
- 실은 천 색깔과 비슷한 것을 준비합니다.
- 천은 박음질로 바느질합니다.

곡선을
조심조심
제대로
잘라요!

고무줄 바지 만드는 법

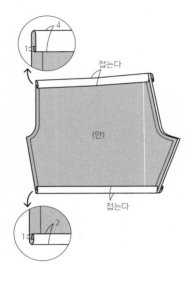

① 재단한 천을 뒤집어서 위(허리) 5cm와 아래(단) 3cm의 부분을 그림과 같이 접어서 다림질을 하여 표시를 한다.

② ①에서 접었던 부분을 일단 펴고, 바깥쪽끼리를 안쪽으로 하여 겹치고, 가랑이부터 위를 바느질한다. 끝에서 1.5cm 지점을 각각 바느질한다. 고무줄을 끼우기 위해 그림을 참조하여 뒤는 위 5cm를 열어 둔다. 앞은 접어 둔 부분을 포함하여 위까지 바느질한다.

가랑이 아래를 바느질한다.

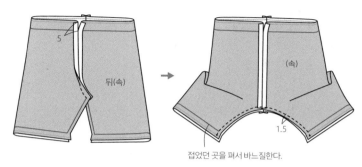

5

뒤(속)

(속)

1.5

접었던 곳을 펴서 바느질한다.

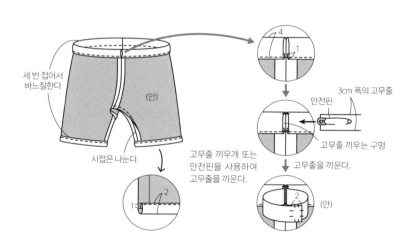

세 번 접어서
바느질한다

(안)

시접은 나눈다.

4

1

3cm 폭의 고무줄

안전핀

고무줄 끼우는 구멍

고무줄을 끼운다.

2

(안)

고무줄 끼우개 또는
안전핀을 사용하여
고무줄을 끼운다.

1

2

④ 시접을 ② ③에서 바느질한 곳부터 펴고, ①에서 다
림질을 한 표시에서 접는다(단은 1cm → 4cm 순으로).
허리와 단을 한 바퀴 바느질한다. 허리의 열어 둔 부분
부터 고무줄을 끼우고, 양 끝을 2cm 정도 겹쳐서 실로
바느질하여 고정시킨다. 뒤집어서 완성.

먼저 실, 바늘과
친해져 봐요

요즘은 재봉이나 뜨개질을 배울 수 있는 곳이 그리 많지 않지요. 예전에는 할머니나 어머니가 집에서 하시는 것을 보거나 가까운 수예점에 가면 기본적인 방법이나 소소한 팁을 가르쳐 주기도 해서, 어렸을 때부터 실과 바늘을 가까이할 수 있었는데, 요즘은 그러기가 쉽지 않습니다.

그래서 학교에서 공부만 하고 가정이나 재봉을 가르치지 않게 되면 어떻게 될지 걱정스럽기도 합니다. 그런 한편으로 '지도 교과' = '평가'의 대상이라는 점도 걱정이 됩니다. 교과서대로 하고 있느냐, 잘하느냐 못하느냐로만 평가됨으로써, 즐거운 재봉을 만나는 입구에 선 사람들이 발을 들여놓기를 주저하게 되지 않을까 하는 생각 때문입니다.

물론 잘한다, 옳다, 등으로 평가되는 것은 좋겠지만 교과서대로만 따라 하는 것만이 정답은 아닐 것입니다. 왜냐하면 (바느질 교실에서 사람들을 가르치고 있는) 저 자신이 교과서대로 따라 했던 사람이 아니거든요. 중학교에서 가정과 클럽 활동을 할 때도, 고등학교의 가정과 수업을 들을 때도, 저는 과제나 테마를 제 나름대로 해석해서 받아

들였습니다. 동급생과 과제물을 비교해 보면 뭔가 다른 적이 많았는데, 선생님들은 제가 자유롭게 하도록 그냥 두셨습니다. 또한 재봉에 꼭 필요하다는 골무나 시침핀 같은 전문적인 도구를 사용하지 않았던 것도 앞에서 말한 대로입니다.

가사로서 재봉을 배운다면 잘하고 못한다는 기술보다도 만약의 사태가 생겼을 때 바로 실과 바늘을 꺼내서 손을 움직일 수 있도록, 재봉에 친밀감을 갖는 것이 중요합니다.

그렇게 친해져 가는 동안에, 이렇게 해 보고 싶다, 저렇게 해 보고 싶다는 생각이 들지도 모릅니다. 그만큼 재봉은 즐겁고 심오한 세계이기도 하답니다.

집안일의 기본이 되는 네 가지 수업, 어떠셨나요?

갑자기 모든 것을 완벽하게 해내는 것은 절대 무리입니다.

오히려 좌절하게 되어 포기하고 맙니다. 나에게 맞을 것 같다, 나도 할 수 있을 것 같다 싶은 것들부터 하나씩 도전해 보세요.

학교의 가정 수업에는 필기 시험이나 실습이 있을지 모르지만 이 책에는 없습니다.

여기서 진짜 하고 싶은 말!

배우고 싶다면 무조건 도전해 보는 수밖에 없습니다.

세탁망을 사러 가고, 저녁밥으로 카레라이스를 만들고, 서랍을 열어서 안에 든 것을 몽땅 꺼내고, 양말에 난 구멍을 꿰매는 거지요.

이것이 첫걸음입니다.

올바른 것을 기억하는 것이 목적이 아닙니다.

'기분 좋게 즐겁게 사는 것'을 다른 무엇보다 중요하게!

분명히 내일은 좀 더 좋은 하루가 될 거예요.

살림 뭐든지 혼자 잘함

초판 1쇄 인쇄 2018년 9월 5일
초판 1쇄 발행 2018년 9월 14일

지은이 가와데쇼보신사 편집부
감수 마이다 쇼코·이데 아미·기무라 요시에·구라이 무키
옮긴이 위정훈
펴낸이 이범상
펴낸곳 ㈜비전비엔피 · 이덴슬리벨

기획편집 이경원 심은정 유지현 김승희 조은아 김다혜 배윤주
디자인 김은주 조은아
마케팅 한상철
전자책 김성화 김희정
관리 이성호 이다정

주소 우) 04034 서울시 마포구 잔다리로7길 12 (서교동)
전화 02)338-2411 **팩스** 02)338-2413
홈페이지 www.visionbp.co.kr
이메일 visioncorea@naver.com
원고투고 editor@visionbp.co.kr
인스타그램 www.instagram.com/visioncorea
포스트 post.naver.com/visioncorea

등록번호 제2009-000096호

ISBN 979-11-88053-32-2 13590

· 값은 뒤표지에 있습니다.
· 파본이나 잘못된 책은 구입처에서 교환해 드립니다.

이 도서의 국립중앙도서관 출판예정도서목록(CIP)은 서지정보유통지원시스템 홈페이지(http://seoji.nl.go.kr)와
국가자료공동목록시스템(http://www.nl.go.kr/kolisnet)에서 이용하실 수 있습니다.(CIP제어번호: CIP2018017712)